Das Kupferschweißverfahren

insbesondere bei

Lokomotiv-Feuerbüchsen

Eine Anleitung

von

Regierungsbaurat **Adolf Bothe**

Leiter der Betriebsabteilung für Lokomotiven beim Reichsbahn-Ausbesserungswerk Grunewald

Mit 22 Textabbildungen

Berlin

Verlag von Julius Springer

1923

ISBN-13: 978-3-642-89563-0 e-ISBN-13: 978-3-642-91419-5
DOI: 10.1007/978-3-642-91419-5

Vorwort.

In diesem Buche wurde versucht, eine Zusammenstellung von Beobachtungen und Erfahrungen zu bringen, welche der Unterzeichnete bei der durch Schweißen erfolgten Ausbesserung kupferner Lokomotivfeuerbüchsen eine längere Zeit hindurch im Betriebe der deutschen Reichsbahn gemacht hat. Es soll als Merk- und Nachschlagebuch dienen und als solches sowohl dem Betriebsleiter wie den übrigen mit diesem Sonderzweige betrauten technischen Kräften und Handwerkern eine Stütze für die Ausübung dieses Verfahrens sein. Wieweit das Buch diesem Zweck gerecht wird, muß dessen Verwendung lehren.

Berlin-Grunewald, im September 1922.

Adolf Bothe.

Inhaltsverzeichnis.

Bemerkung zum Titelbild: Der Film ist vom Verfasser bearbeitet und im Auftrage des Reichsverkehrsministeriums von der Firma „Der Fachfilm“, Ing. Thun & Dipl.-Ing. Brandt, G. m. b. H. in Berlin W 50 im Reichsbahn-Ausbesserungswerk Grunewald aufgenommen. Er wurde als Fachfilm auf der deutschen Gewerbeschau in München 1922 vorgeführt und hat als Lehrfilm weitere zweckmäßige Verwendung gefunden.

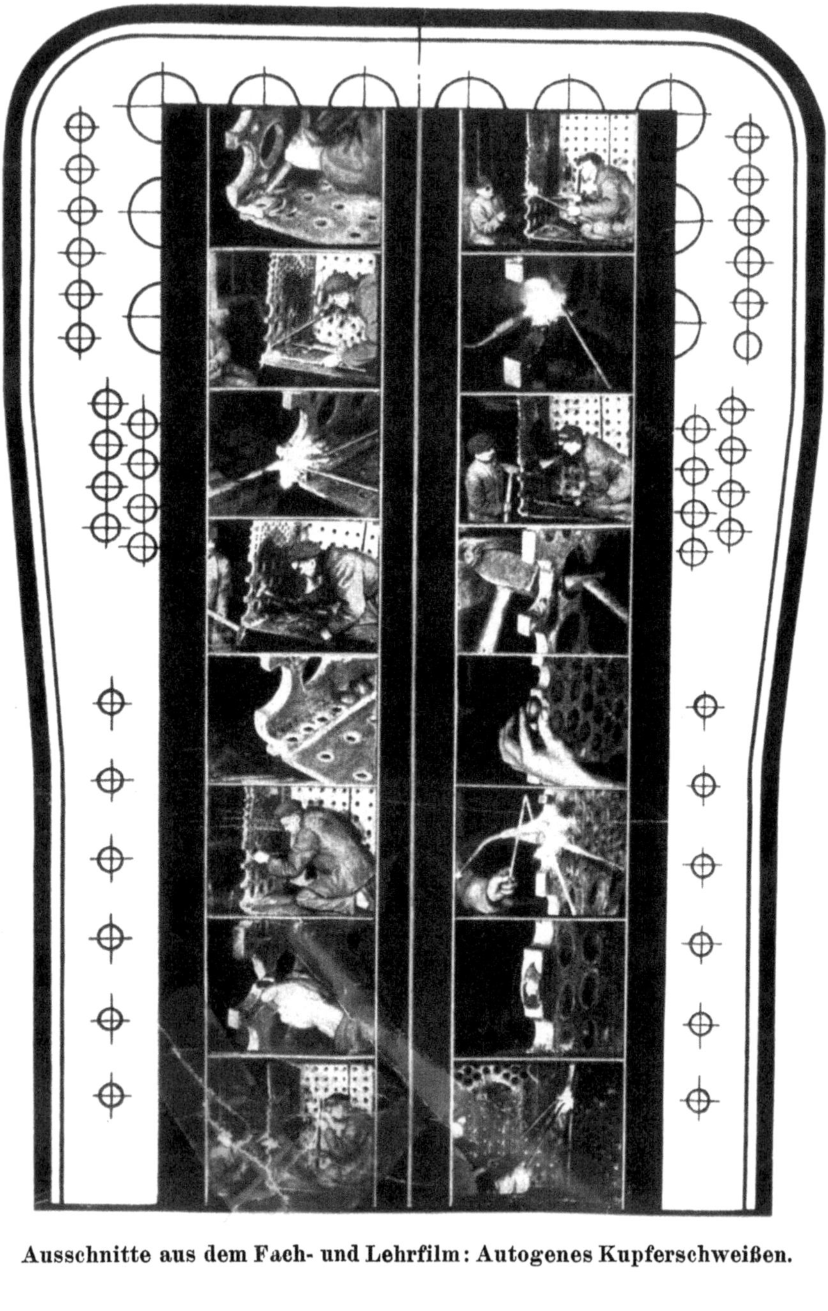

Ausschnitte aus dem Fach- und Lehrfilm: Autogenes Kupferschweißen.

I. Einleitung.

„Nur in der fühlenden Hand
regt sich das magische Reis!“

In den technischen Fachschriften sind bis jetzt über das Schweißen von Kupfer nur allgemeine Abhandlungen erschienen, die wohl als wertvoll, aber nicht als erschöpfend angesehen werden können. Der Weltkrieg und seine Nachwirkungen haben die Betriebe notwendigerweise veranlaßt, beschädigte Teile möglichst durch Schweißen wiederherzustellen. Insbesondere lag der Zwang vor, auch die so sehr heruntergewirtschafteten Lokomotiven und deren wichtigsten, jedoch am meisten beanspruchten Teil, die „Feuerbüchse“, in der beregten Weise zu bearbeiten. Art und Umfang der Feuerbüchsschäden sind von großem Einfluß auf die Ausbesserungsdauer dieser Betriebsmittel. Es galt daher Mittel und Wege zu finden, solche Schäden möglichst mit den zur Verfügung stehenden Hilfskräften und Werkseinrichtungen schnell zu beseitigen, ohne dabei jedoch die Betriebssicherheit der Lokomotiven in Frage zu stellen. Häufig wird der Betriebsleiter vor die Entscheidung gestellt, ob sich der schadhafte Teil einer kupfernen Feuerbüchse durch Aufsetzen eines Flickens nochmals auf eine angemessene Zeit, möglichst aber bis zur nächsten inneren Untersuchung des Kessels, erhalten läßt. Auch noch viele andere Fragen muß er sich bei seinen Erwägungen vorlegen, deren Stellung die jeweiligen Verhältnisse bedingen. Wie auch seine Entscheidung ausfallen mag, wohl nicht immer wird er sich eines befriedigenden nachhaltigen Erfolges seiner Maßnahmen erfreuen können. Bei unsachgemäßer Bedienung oder Überanstrengung des Kessels werden solche Flicken oft recht bald wieder undicht.

Bereits kurze Zeit vor dem Kriege, noch mehr aber während desselben hatte sich das Bedürfnis vielfach geltend gemacht,

Flicken möglichst zu vermeiden und den schadhaften Teil gleich zu erneuern. Diese Erwägungen bergen zweifellos einen gesunden Kern in sich, sofern alle Vorbedingungen hierzu geschaffen sind, d. h. das Vorhandensein genügender Vorräte an Feuerbüchsteilen, sowie niedrige Löhne. Dieser Zustand hat nach dem Weltkriege eine nicht unwesentliche Änderung erfahren müssen. Wie bei vielen anderen Gelegenheiten hat glücklicherweise dieser große Lehrmeister auch auf dem Gebiete des Kupferschweißens recht einschneidende Anregungen gegeben und mittelbar fördernd dazu beigetragen, daß von der bisher üblichen Flickweise fast durchweg Abstand genommen werden kann.

„An Stelle der Nieten oder Schrauben kann nunmehr nach den heutigen Erfahrungen die Schweißung als Verbindungsmittel mit gutem Erfolge treten, sofern den nachstehenden Ausführungen hinreichende Beachtung geschenkt wird.“

Unter Anlehnung an Mitteilungen von Fachleuten über beim Kupferschweißen gemachte Beobachtungen und nach selbst angestellten durchweg gelungenen Versuchen hat der Verfasser dieses Buches im August 1921 in Nr. 22 der Zeitschrift „Der Betrieb“ einen Aufsatz, betitelt: „Autogene Kupferschweißungen“, veröffentlicht. Diese im Anhang wiedergegebene Abhandlung sollte zunächst auf die wirtschaftliche Bedeutung und Vorzüge eines derartigen Verfahrens aufmerksam machen.

Es sei hier vorweg gleich erwähnt, daß es lohnend ist, nur unausgebaute Feuerbüchsteile in der beschriebenen Art wiederherzustellen. Den Ausbau einer schadhaften Wand, dann ihr Schweißen und schließlich deren Wiedereinbau vorzunehmen, dürfte im allgemeinen vom wirtschaftlichen Standpunkt aus nicht ratsam sein; hier ist der Ersatz durch ein neues Stück wohl immer am ehesten zu empfehlen.

Der Verfasser war sich von vornherein darüber im Klaren, daß wohl einfachere Schweißarbeiten an kupfernen Wänden usw., nicht aber solche schwierigerer Art von nicht vollständig für diesen Sonderzweig ausgebildeten Hilfskräften mit Erfolg ausgeführt werden konnten. An diesem Verfahren Anteilnehmende werden daher wohl schon nach genauerer Durchsicht des Aufsatzes und noch mehr nach Ausübung von Versuchen erkannt haben, daß zur Herbeiführung eines vollen Erfolges noch manches andere beachtet werden muß. Diesbezügliche in größerer Zahl an den Verfasser gerichtete Fragen, sowohl von behördlichen als auch aus freien Betrieben, haben dies ohne weiteres zu erkennen gegeben und bestätigt, daß zweifellos ein größeres Bedürfnis an einem diese Frage behandelnden Stoff vorlag. Wiederholt sind daraufhin Anträge auf persönliches Zugegensein von Fachleuten bei im Laufe der Zeit vorgenommenen Kupferschweißarbeiten an unausgebauten Feuerbüchsteilen gestellt worden. Leider konnte den in bester Absicht an der Sache Anteilnehmenden nur immer mit allgemeinverständlichen Ausführungen ausübender und belehrender Art gedient werden. Eine gründliche planmäßige Unterweisung der zu diesem Zweck abgeordneten Schweißer, wie eine solche nur in einer Schweißlehrwerkstatt möglich gewesen wäre, hat sich bis jetzt aus erklärlichen Gründen nicht durchführen lassen. Es muß deshalb davor gewarnt werden, sich auf Grund kurzfristiger Ermittelungen zu Hause gleich an eine Schweißarbeit zu wagen und so wiederhergestellte Betriebsmittel in Dienst zu stellen. Fehlschläge werden dadurch vermieden, und weiterhin sich daraus ergebende gewöhnlich beträchtliche Kosten erspart. Als ungünstige Erscheinung müßte es aber anzusehen sein, wenn ein Mißerfolg Anlaß zu einem Verbot der weiteren Anwendung des Kupferschweißens seitens einzelner maßgebender Stellen sein würde. Glücklicherweise hat aber das Verfahren schon so tiefe Wurzeln gefaßt, daß sein Wachstum wohl an einzelnen Stellen stocken, seine Weiterentwicklung aber nicht mehr aufgehalten werden kann. Diesem in der gewerblichen Tätigkeit noch jungen Reis zu einem kräftigen Wachstum zu verhelfen, soll vornehmlich der Zweck der nachstehenden Zeilen sein.

Während des Krieges mußten die meisten Lokomotiven wegen Mangel an Kupfer eiserne Feuerbüchsen erhalten. Letztere dürften inzwischen wohl sämtlich wieder durch solche aus Kupfer ersetzt worden sein, so daß erst in einigen Jahren Flickarbeiten in größerem Umfange notwendig sein werden. Bis dahin müßten alle sich mit derartigen Ausbesserungen befassenden Betriebe auf das Kupferschweißverfahren umgestellt werden und entsprechende Maßnahmen ergriffen haben.

„Durch rechtzeitiges Erkennen und Beheben eines kleinen Schadens werden sowohl Ausbesserungsdauer

1*

als auch Betriebssicherheit eines jeden Gegenstandes immer günstig beeinflußt."

Man sollte daher auch das mit verhältnismäßig einfachen Mitteln durchführbare und wirklich nicht schwierige Kupferschweißverfahren nach diesem Grundsatze recht ausgiebig anwenden.

II. Sonderausbildung der Schweißer.

Die nachstehenden Ausführungen mögen zum Teil etwas über den Rahmen dieses Buches hinausgehen. Trotzdem glaubt der Verfasser mit recht zwingenden Anregungen an dieser Stelle nicht zurückhalten zu können.

Das Schweißen, soweit es nicht mit Hilfe des Schmiedefeuers betrieben wird, ist erst verhältnismäßig neueren Datums und daher leider noch nicht zu einem besonderen Handwerk erhoben. Jeder Betrieb, welcher ohne Schweißarbeiten sozusagen nicht mehr auskommen kann, hat sich eine entsprechende Anzahl Schweißer, die irgendein Handwerk oder oft gar keinen Beruf erlernt haben, herangebildet. Im Laufe der Zeit haben sich diese eine gute Übung in der Schweißerei angeeignet und aus sich selbst heraus eine beachtenswerte Fertigkeit entwickelt. Derartig beglückte Betriebe sind daher nicht wenig stolz auf solche Sonderfachleute mit ihren vermeintlichen Berufsgeheimnissen. Sie geraten zuweilen in arge Verlegenheit, wenn ihre Schweißer zu einem anderen Werk übergehen. Dieser Zustand ist, vom Standpunkt der Wirtschaftlichkeit eines Betriebes aus betrachtet, recht ungesund. Diesem Übel ließe sich zweifellos wirksam begegnen, wenn künftig eine rein handwerksmäßige Ausbildung als Schweißerlehrling einsetzen und die Ablegung einer Gesellenprüfung gefordert würde. Bei Auswahl solcher Lehrlinge wäre jedoch größte Vorsicht sowohl mit Rücksicht auf die Lernenden selbst, als auch in bezug auf die allgemein als hochwertig anzusehenden Schweißarbeiten zu beobachten. In Frage kommen hierbei nur solche Schweißungen, gleichviel bei welchen Metallen, welche Zusatzstoff zur Füllung der Schweißfugen erfordern. (Die elektrische Widerstandsschweißung, die nur in ganz bestimmten Fällen anwendbar ist, benötigt weniger dringend eine Bedienung durch besondere Fachleute.) Bei beabsichtigter Einstellung von Lehrlingen, lediglich für den Schweißerberuf, wird es sich aber trotz Eignungsprüfung wohl schwer erkennen lassen, wer von den jungen körperlich noch unentwickelten Leuten später dann ein tüchtiger Handwerker in diesem Fach werden könnte. Für die einschlägigen Betriebe dürfte sich daher die Abfassung des Lehrvertrages in dem Sinne empfehlen, daß dem Lehrherrn nach eigenem Befinden die Entscheidung über die spätere Überführung des Lehrlings in das Schweißerhandwerk nach Zurücklegung einer angemessenen Lehrzeit in einem anderen verwandten Berufe seines Betriebes vorbehalten bleibt. Selbstverständlich wird man für den Anfang das Schlosser-, Schmiede- oder ein ähnliches Handwerk vorschreiben müssen, weil eine gute Kenntnis der im Werk hauptsächlich vorkommenden Arbeiten für den künftigen Schweißer recht vorteilhaft ist. Spätestens nach Beendigung des zweiten Lehrjahres wird es dann sicherer möglich sein, die richtige Auswahl, gegebenenfalls nach Einholung eines ärztlichen Gutachtens über den Gesundheitszustand des für das Schweißerhandwerk in Aussicht Genommenen, zu treffen. Neben ausübender Tätigkeit wäre es dann weiterhin unerläßlich, dem nunmehrigen Schweißerlehrling auch eine gründliche schulmäßige Unterweisung zuteil werden zu lassen. Letztere würde zweckmäßig als Sonderunterricht zu umfassen haben: allgemeine Kenntnisse in der Metallkunde und der Chemie der einfachen Sauerstoff- und Kohlenstoffverbindungen.

In Berlin, Beuthen und Magdeburg-Buckau ins Leben gerufene Schweißerschulen sind bereits als die ersten größeren Einrichtungen für Heranbildung von Schweißern im handwerksmäßigen Sinne anzusehen. Es wäre wünschenswert, wenn solche Schulen im geeigneten Mittelpunkt einer Anzahl gewerblicher Betriebe dieser Art unter Aufsicht der Behörden und Handwerkskammern baldigst gegründet würden. Bei der Frage der geldlichen Regelung würden sich alle anteilnehmenden Werke und Aufsichtsbehörden sicherlich gern auch beteiligen. Durch gründliche Ausbildung der mit brennbaren Gasen arbeitenden Schweißer wird ein größeres Verständnis für Vermeidung aller Gefahren wachgerufen, welche durch unsachgemäße und oft leichtsinnige Behandlung der benutzten Einrichtungen entstehen können (Zerknallen). Bevor jedoch alle vorstehend gegebenen Anregungen in die Tat umgesetzt sein werden, wird noch Zeit vergehen. Während dieser Frist müssen sich die Werkleitungen selbst der schulmäßigen Ausbildung ihrer Schweißer und des Nachwuchses widmen und besondere Kurse einrichten. Die bereits anderweitig herausgegebenen Handbücher und technischen Schriften usw. für Azetylenschweißer sind für Lehrzwecke recht nützlich; sie geben den als Lehrkräften tätigen Werkingenieuren und den fortgeschrittenen Schweißern genügende Aufschlüsse und Anleitungen.

Die autogene Schweißung oder Flammenverschmelzung wird in der gewerblichen Tätigkeit zurzeit wohl mehr angewendet als das elektrische Lichtbogenschweißverfahren. Die erstere wird sicherlich auch auf absehbare Zeit den ersten Platz in der angewendeten Schweißlehre einnehmen, weil ihr vornehmlich aus wirtschaftlichen Gründen recht große Vorzüge eingeräumt werden müssen. Es erscheint daher ratsam, bei der Lehrtätigkeit recht gründlich auf das Sondergebiet der Flammenverschmelzung einzugehen.

Während man bei Schweißung vielerlei Bauteile in der Lage ist, die Güte der Schweißstelle durch Vornahme von Schlagproben nachzuprüfen, ist dies bei einer Anzahl anderer meist hoch beanspruchter Gegenstände gar nicht möglich, so auch bei im eingebauten Zustande geschweißten Feuerbüchsen. Hier muß sich die Betriebsleitung fast ganz auf die Sachkenntnis und Tüchtigkeit des Schweißers verlassen, um eine ausreichende Gewähr für die Betriebssicherheit ihrer Erzeugnisse übernehmen zu können, und um letzten Endes Fehlschläge mit ihren kostspieligen Folgen zu vermeiden. Nach den weiteren Ausführungen in diesem Buche gehören die Kupferschweißer für Feuerbüchsarbeiten eigentlich zu einer herauszuhebenden Sondergruppe des Schweißerberufes. Sie müssen demnach mit größter Sorgfalt ausgewählt werden und schon auf Grund ihrer früheren Leistungen das volle Vertrauen der Werkleitung genießen. Ihre Arbeiten unterziehe man sicherheitshalber in bestimmten Zeiträumen einer Nachprüfung durch Schlag-, Zerreiß- oder Ätzproben, indem man z. B. in eine gerissene oder sonstwie schadhafte Feuerbüchsrohrwand, deren gänzliche Erneuerung sowieso beabsichtigt ist, Fugen einhauen und diese zuschweißen läßt. An der hierauf folgenden Untersuchung wird dann sicherlich der Fachmann Anregung und auch wirtschaftlich bedeutungsvolle Ergebnisse erhalten.

Weiterhin empfiehlt es sich, in größeren Werken mehrere Vorschweißer heranzubilden. Jeder unter schwierigen Verhältnissen Arbeitende sucht sich allerlei Kniffe aus, die ihn für besondere Fälle seinem sonst gleichtüchtigen Berufsgenossen gegenüber geeigneter erscheinen lassen; Aufgabe der Betriebsleitung muß es dann aber sein, alle diesbezüglichen Beobachtungen zu sammeln, auf wissenschaftlicher Grundlage Prüfungen anzustellen und die unterscheidenden Merkmale in Wort und Bild besonders für Anlernung des Nachwuchses festzuhalten. Schließlich müssen die Schweißer, solange sie diese Vertrauensstellung einnehmen, in körperlich guter Verfassung sein. Ausdauer und Besonnenheit beim Arbeiten in der oft hocherwärmten Feuerbüchse begünstigen den Erfolg. Eine Vergebung solcher Arbeiten im Gedinge wird sehr zu überlegen sein.

Der die Aufsicht führende Meister muß selbstverständlich die Lehre des Schweißens beherrschen und für die Ausübung dieser Tätigkeit gut vorgebildet sein. Hierzu gehört auch die genaue Kenntnis des Baues und der sachgemäßen Bedienung aller zum Schweißen erforderlichen Hilfsmittel, sowie der hierüber herausgegebenen baupolizeilichen Sicherheitsvorschriften. Er muß ferner in der Lage sein, auf Grund von Beobachtungen während des Schweißvorganges Schlüsse auf die Haltbarkeit der fertigen Nähte zu ziehen. Schließlich muß er der Werkleitung gegenüber auch eine Gewähr für solche Arbeiten übernehmen können. Von seiner geschickten Leitung hängt viel ab, insbesondere muß er für den Gang jeder Schweißarbeit und über die Wahl bzw. Form der einzuschweißenden Flickstücke von vornherein treffende Richtlinien vorschreiben können. Mag sich in der ersten Zeit ein Schweißvorgang ähnlich wiederholen, immer werden sich neue andere Anregungen und zuweilen auch Widerwärtigkeiten ergeben. Letztere dürften sich aber im Laufe der Zeit, wenn erst eine „fühlende Hand“ sie dann richtig zu meistern versteht, wohl gänzlich überwinden lassen.

III. Chemie und Technik, Lehre und Ausübung des Kupferschweißens.

A. Die Eigenschaften des Kupfers und dessen Verhalten in der Schweißhitze.

Hüttenkupfer und Elektrolytkupfer sind die beiden unterschiedlichen Sorten, welche in der gewerblichen Tätigkeit verwendet werden.

Hüttenkupfer wird durch Verarbeitung von Kupfererzen im Schmelzofen gewonnen und im Walzverfahren veredelt. Es kann daher niemals als chemisch rein bezeichnet werden. Bis zu einem gewissen Hundertsatz wirken Verunreinigungen nicht schädlich. Gehen diese jedoch über ein gewisses Maß hinaus, so lassen Festigkeit, Dehnung und Schweißbarkeit dieses Stoffes im selben Verhältnis nach. Hüttenkupfer dient bei der deutschen Reichsbahn u. a. auch zur Anfertigung der Lokomotivfeuerbüchsen.

Elektrolytkupfer wird auf etwas umständlicheren Wege unter Hinzuziehung des elektrischen Stromes gewonnen. Es ist teurer als Hüttenkupfer, dafür aber auch nahezu chemisch rein.

Kupfer im allgemeinen ist in starrer Form dem Luftsauerstoff gegenüber fast unempfindlich. Im glühenden, noch mehr aber im geschmolzenen Zustande, nimmt es leicht Sauerstoff auf und geht mit diesem chemische Verbindungen um so gieriger ein, je reiner es ist. Die bekanntesten sind:

a. Kupferoxyd (CuO). Dieses bildet sich beim Glühen des Kupfers, und zwar nur an dessen Oberfläche in Form einer dünnen leicht abblätternden Schicht von fast schwarzer Farbe. Beim Abschrecken im Wasser platzen die Oxydblättchen von selbst ab.

b. Kupferoxydul (Cu_2O). Dieses bildet sich im geschmolzenen Zustande des Kupfers und ist unter normalen Verhältnissen mit bloßem Auge nicht zu erkennen. Erst bei Benutzung einer gut vergrößernden Lupe ist in einer vorher geschliffenen und polierten Fläche das Oxydul in Form fein verteilter dunkler Stellen von winzigem Umfange aus dem übrigen hell-lachsrot leuchtenden Kupfer leicht herauszufinden. Das Oxydul ist demnach im reinen Metall eingelagert (gelöst) und bildet mit diesem ein Gemisch. Je ungünstiger das Mischverhältnis „Kupfer zu Kupferoxydul" ist, um so dunkler muß die Farbe dieser Mischung und um so brüchiger wird dieser Stoff sein.

Beim Schweißen der hochbeanspruchten Lokomotiv-Feuerbüchsen, bei welchem das Kupfer in der Schweißnaht zum Schmelzen gebracht werden muß, ist daher der Bildung von Kupferoxydul mit allen Mitteln entgegenzuarbeiten. Bis vor nicht zu langer Zeit war man der Ansicht, durch Benutzung des oxydulfreien Elektrolytkupfers einen geeigneten Stoff als Zusatz und zur Veredelung der Schweißnaht gefunden zu haben. Man wollte die Gesamtmenge der schädlichen Beimischungen in der fertigen Naht dadurch drücken und die Festigkeit und Dehnung des Stoffes an dieser kritischen Stelle auf günstiger Höhe halten. Leider hat sich diese Annahme als ein Trugschluß erwiesen. Die Schmelztemperatur steigt mit wachsendem Oxydulgehalt ebenfalls, so daß das chemisch reine stabförmige Elektrolytkupfer früher als das massigere und auch nicht ganz oxydulfreie Hüttenkupfer (die Feuerbüchswand) zum Schmelzfluß kommt. Diese Ungleichheit muß beim Schweißen natürlich schädigende Wirkungen auslösen und unweigerlich, auch bei Hinzuziehung eines geübten Schweißers, zu einer Überhitzung (Verbrennung) des Zusatzstoffes, d. h. zu einer Oxydulanreicherung des durch chemische Mittel nicht geschützten den Sauerstoff gierig aufsaugenden Elektrolytkupfers führen. Eine so hergestellte namentlich längere Naht kann daher nur zufällig haltbar ausfallen; meist ist sie von geringer Festigkeit und selten frei von Rissen und Blasen. Undichte Stellen werden sich bemerkbar machen, und der alte Riß wird sich nach verhältnismäßig kurzer Zeit im Betriebe wieder zeigen.

Dieses Ergebnis kann daher bei Feuerbüchsschweißungen keineswegs befriedigen. Mit Rücksicht auf die Betriebssicherheit muß sogar von der Verwendung des Elektrolytkupfers als Zusatzstoff entschieden abgeraten werden. In den späteren Ausführungen werden diese Nachteile noch deutlicher in Erscheinung treten.

B. Verfahren zur Erzeugung der Schweißhitze bei Kupfer.

Nach dem heutigen Stande der Schweißtechnik kommen für die Ausübung nur zwei Arten von Schweißverfahren für Kupfer in Frage:

1. die autogene Schweißung oder Flammenverschmelzung,
2. die elektrische Schweißung.

Nicht anwendbar ist die elektrische Lichtbogenschweißung, weil hierbei eine Kohleelektrode benutzt werden muß und der Übertritt von Kohlenstoff in das Schmelzbad unvermeidlich ist. Letzterer würde die Festigkeit der Schweißnaht wesentlich verringern. Nicht durchführbar bei Feuerbüchsschweißungen ist die Erzeugung der

Schmelztemperatur durch Schaffung eines elektrischen Widerstandes in der Schweißnaht, weil bei diesem Verfahren stets gleichgroße Querschnitte der zu verbindenden Flächen erforderlich sind.

Somit bleibt zunächst nur die autogene Schweißung für den genannten Zweck übrig. Hierfür können unter bestimmten Voraussetzungen verschiedene Gase verwendet werden, und zwar:

a. Wasserstoffgas,
b. Blau- oder Flüssiggas,
c. Leuchtgas,
d. Benzin- und Benzoldämpfe,
e. Wassergas,
f. Azetylen.

Zu a: Wasserstoffgas ist wohl für dünne, nicht aber für die starken Feuerbüchsbleche geeignet. Bei letzterem verschlechtert sich die Güte der Schweißnähte mit zunehmender Wandstärke.

Zu b: Blau- oder Flüssiggas eignet sich für Kupfer; seine Verwendung ist jedoch unwirtschaftlich.

Zu c: Leuchtgas entwickelt zu geringe Flammentemperaturen und kommt für Feuerbüchskupfer wegen der guten Wärmeleitungsfähigkeit dieses Stoffes nicht in Frage.

Zu d: Benzin- oder Benzoldämpfe besitzen dieselben Eigenschaften wie Blau- oder Flüssiggas.

Zu e: Wassergas dürfte ebenfalls nur für das Schweißen dünnerer Bleche in Frage kommen. Anlagen zur Erzeugung dieses Gases sind bedeutend kostspieliger als solche für Azetylen.

Zu f: Azetylen ist dasjenige Gas, welches für die Flammenverschmelzung bis auf absehbare Zeit wohl das geeignetste ist und auch bleiben wird. Der Grund für diese Behauptung liegt darin, daß sich bei der Verbrennung des Azetylens im Sauerstoffstrome eigenartige chemische Vorgänge abspielen, welche eine außerordentlich günstige Wirkung auf den Schweißgang ausüben.

Über Azetylen, Azetylenanlagen und deren Behandlung und Bedienung sind im Buchhandel bereits erschöpfende Darlegungen gebracht; es wird deshalb auf deren Durchsicht verwiesen. Für Feuerbüchskupferschweißungen sind entsprechend groß angelegte ortsfeste Azetylenerzeugungsanlagen zweifellos am geeignetsten; sie arbeiten am wirtschaftlichsten (Karbid-Ausbeute), und das Gas besitzt eine gleichmäßigere Dichte und Temperatur. Letzteres ist für Kupferschweißungen besonders vorteilhaft. Stehen nur bewegliche Azetylenapparate zur Verfügung, so lasse man diese vor Inangriffnahme einer größeren Arbeit gut vorbereiten und durch einen sachkundigen Werkhelfer bedienen, welcher die ordnungsmäßige Gaserzeugung im Entwickler zu überwachen und gleichzeitig auch für Druckänderungen des Sauerstoffstromes auf Zuruf des Schweißers zu sorgen hat. Die Güte der Schweißnaht erleidet auf diese Weise auch keine Einbuße.

Die Verwendung von gelöstem Azetylen oder Azetylen-Dissous ist wohl möglich, jedoch bei den hier in Rede stehenden Kupferschweißungen nicht empfehlenswert. Meist handelt es sich um Arbeiten mit größerem Gasverbrauch; eine Anzahl Flaschen müßte jedesmal zusammengekuppelt werden, damit ein vorzeitiges Versiegen des Azetylenstromes vermieden wird. Jede Störung im Schweißgange hat Nachteile zur Folge. Wirtschaftlich ist der Gebrauch von gelöstem Azetylen, welches außerdem die Anwendung besonderer Schweißbrenner bedingt, jedenfalls nicht.

C. Wahl der Schweißbrenner und der Hilfsgeräte.

Man beschaffe nur Schweißbrenner von Werken, welche auf diesem Gebiete als leistungsfähig bekannt sind; auch empfiehlt es sich, verschiedene Bauarten vorrätig zu halten. Jede Type hat ihre Vorzüge und Nachteile. Im Laufe der Zeit wird der geübte Schweißer für bestimmte Arbeiten die geeignetsten Brenner erkannt haben und anwenden. Die sich mit der Herstellung derartiger Vorrichtungen befassenden Werke bringen fortgesetzt Neuerungen auf den Markt, deren Erprobung zu empfehlen ist. Gerade beim Kupferschweißen bietet sich hierzu günstige Gelegenheit.

Von den in Abb. 1 dargestellten Azetylen-Sauerstoff-Schweißbrennern mit langem Mischrohr und ziemlich kräftig gehaltener Kupferspitze hat sich der rechts abgebildete Apparat bei Arbeiten in der Feuerbüchse bis jetzt recht geeignet erwiesen. Mit diesen im Gewicht leicht gehaltenen Brennern ist es möglich, daß der Schweißer auch über Kopfhöhe längere Zeit Flammenverschmelzung auszuführen imstande ist. Es kommt ziemlich häufig vor, daß Steg- und Kümpelrisse in der normal gelagerten Feuerbüchse dicht unter deren Decke geschweißt werden müssen. In diesen Schichten ist die Erwärmung des

Luftraumes recht beträchtlich. Der Ausführende muß sich dann möglichst tief aufstellen und mit erhobenen Händen arbeiten, um leistungsfähig zu bleiben und einen klaren Kopf zu behalten.

Die sich hocherwärmenden kupfernen Brennerspitzen und Mischrohre müssen häufiger, nach etwaigem Ausknallen sofort, in einem mit Wasser gefüllten Gefäß, welches in erreichbarer Nähe aufgestellt sein muß, abgekühlt werden.

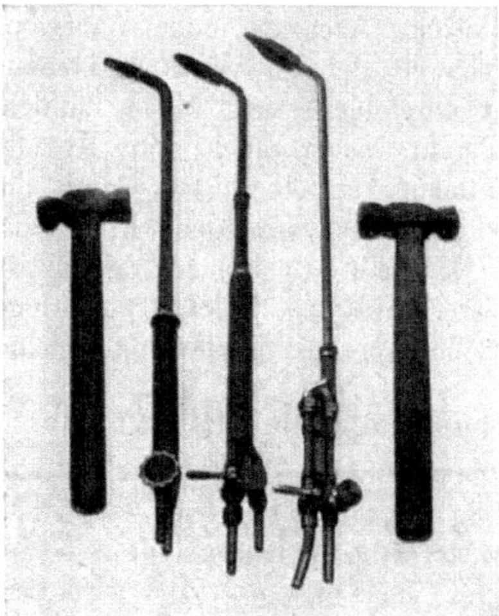

Abb. 1.

Für das Wiederanzünden der Flamme benutze man nicht etwa die glühende Schweißstelle; richtiger ist es, eine Azetylenhandlampe in der Nachbarschaft aufzuhängen oder ein Cereisen-Feuerzeug zur Hand zu haben.

Die Schweißerschutzbrillen müssen mit guten, die Augen schonenden Gläsern versehen und angenehm im Tragen sein. An den Seiten offene Brillen mit großen kreisrunden Gläsern sind denen mit Aluminium-Blechgehäuse vorzuziehen.

Ein unentbehrliches Handwerkzeug beim Flammenverschmelzen sind ferner die in Abb. 1 dargestellten Hämmer zum Verdichten des eingeschweißten Zusatzkupfers. Ihr Gewicht soll mindestens 0,5 kg, zweckmäßig jedoch etwa 1 kg betragen. Diese Hämmer sind nicht gleichbedeutend mit dem in einzelnen Fachschriften erwähnten Puddelhämmerchen, welches nach Ansicht des Verfassers überflüssig ist. Über die Anwendung der ersteren gibt der Abschnitt E noch näheren Aufschluß.

Obgleich jedem Ausübenden die normale Form der Schweißflamme bekannt sein muß, sei nachstehend nochmals durch Wort und Bild auf diese wichtige Angelegenheit hingewiesen.

Abb. 2a—c zeigen die bei einer Azetylen-Sauerstoff-Schweißflamme vorkommenden Unterschiede.

Zu Abb. 2a: Der innere Flammenkern muß weißleuchtend,

möglichst lang und trotzdem recht scharf umgrenzt sein. An der mit einem x bezeichneten Stelle herrscht die größte Hitze. Man muß daher den Brenner stets so führen, daß nur diese Stelle der Flamme, nicht der Kern, hauptsächlich auf die zu verschmelzende Fläche bzw. auf den Zusatzstoff einwirkt. Außerdem wird dadurch erreicht, daß sich etwa vorhandene Kupfer-Sauerstoffverbindungen (Oxyd und Oxydul) in metallisches Kupfer zurückverwandeln. Dieser günstige Umstand ist dem Einflusse dieser beregten Stelle zuzuschreiben, indem dort ein gewisser Hunger nach Sauerstoff besteht.

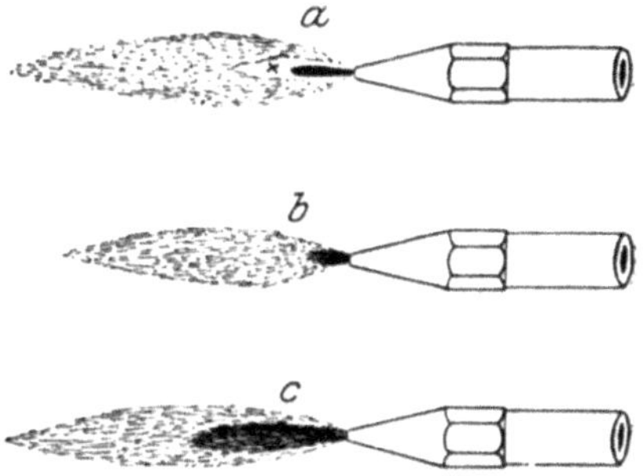

Abb. 2.
a Schweißflamme richtig eingestellt,
b Schweißflamme mit Sauerstoffüberschuß,
c Schweißflamme mit Azetylenüberschuß.

Zu Abb. 2b: Bei Sauerstoffüberschuß ist der Flammenkern kürzer und von rotbläulichem Aussehen. Eine hiermit hergestellte Schweißnaht wird immer aus verdorbenem Kupfer bestehen und in bezug auf Festigkeit nur niedrige Werte aufweisen. Die unausbleibliche Folge wird sein, daß eine solche Naht beim Erkalten wieder reißt. Auch andere vordem noch gesunde Stellen, z. B. Heizrohrlochstege, sind dadurch besonders gefährdet. Je größer die durch Sauerstoffüberschuß hervorgerufene Überhitzung gewesen ist, und je längere Zeit diese gedauert hat, um so größere Ausdehnung hat dadurch die behandelte Feuerbüchswand erfahren. Es erhellt hieraus, daß die beim Erkalten entstehenden Spannungen ebenfalls recht hohe sein müssen. In solchem Falle muß der Schweißer den Azetylenhahn am Brenner auf größeren Durchlaß einstellen oder den Werkhelfer (siehe Abschnitt IIIB, S. 11) durch sofortigen Zuruf veranlassen, daß die Sauerstoffzuführung durch Drosselung der an der Flasche befindlichen Druckänderungsvorrichtung verringert wird. Verstöße gegen diese Hinweise führen zu Enttäuschungen und Mißerfolgen. Letztere lassen sich nur unter Aufwendung höherer Kosten wieder gut machen, indem man nicht selten dann schon größere Flickstücke einsetzen muß. Die Betriebsleitung lasse sich die Beobachtung der Schweißer daraufhin recht angelegen sein.

Zu Abb. 2c: Bei Azetylenüberschuß ist die Schweißflamme im ganzen dunkler gefärbt. Eine richtige Verschmelzung ist hiermit bei Kupfer wohl schwerlich zu erzielen; dies würde nur bei übergroß gewählten Brennern der Fall sein. Dann würde aber auch Kohlenstoff aus dem unverbrannten Azetylen in das Schmelzbad übertreten und die Festigkeit der Schweißnaht erheblich herabsetzen.

Die Größe der zu verwendenden Schweißbrenner richtet sich selbstverständlich immer nach der Stärke und Art des zu verschweißenden Gegenstandes. Alle im Handel käuflichen Brenner sind mit eingestempelten Zahlen versehen. Die letzteren sollen dem Schweißer bedeuten, innerhalb welcher Grenzen Eisenstärken unter Benutzung eines Brenners und unter Berücksichtigung aller in Betracht kommenden Umstände (Wirtschaftlichkeit hinsichtlich des Gasverbrauchs, sowie richtige Behandlung der Schweißstelle) bearbeitet werden müssen. Vor der Verwendung größerer Brenner muß recht eindringlich gewarnt werden; eine Überhitzung der Schweißstelle und alle daraus sich ergebenden schädlichen Folgen würden bei Nichtbeachtung dieser Regel unangenehme Ergebnisse liefern.

Das im Vergleich zu Eisen die Wärme recht gut leitende Kupfer muß natürlich bezüglich Auswahl der Schweißbrennergrößen wesentlich anders behandelt werden. Bei dünnwandigen Kupferstücken (z. B. Röhren) wird man mit einer nächst größeren Schweißvorrichtung auskommen. Eingebaute Feuerbüchsen bilden dagegen je eine größere zusammenhängende Kupfermasse, welche erhebliche Wärmemengen verschluckt und letztere zum Teil auch noch durch die vielen Stehbolzenüberbrückungen usw. an die äußere eiserne Feuerbüchse immerfort weiterleitet. Bei dieser Sonderarbeit müssen daher stets ein Brenner zum Schweißen und ein gleichgroßer oder zweckmäßig etwas kleinerer Brenner zum Anwärmen der Nachbarschaft der Schweißstelle verwendet werden, um die durch Ableitung verlorengehende Wärme zu ersetzen. Die hierfür zu wählenden Brennergrößen richten sich nach der Art des Zusatzkupfers.

D. Wahl des Zusatzkupfers.

Hierunter ist derjenige Stoff zu verstehen, welcher zur Füllung der in den Grundstoff eingehauenen und zu verschweißenden Fugen benutzt werden muß. Für diesen Zweck ist mindestens metallisch reines Kupfer in Drahtform zu verwenden. Nach den Ausführungen im Anhang und nach dem unter Abschnitt III A, S. 9, dieses Buches Gesagten ist es jedoch nicht nur empfehlenswert, sondern sogar erforderlich, bei Feuerbüchsarbeiten vorzugsweise Canzlerdraht anzuwenden. Letzterer besteht aus einer Legierung von Kupfer, Phosphor und Silber in einer bestimmten Zusammensetzung, welche durch D.R.P. Nr. 284 840 geschützt ist. Dieser Draht ist nur scheinbar ein teuerer Zusatzstoff. In Wirklichkeit bietet seine Verwendung bei Feuerbüchsarbeiten jedoch so große wirtschaftliche Vorteile gegenüber allen sonst z. Zt. im Handel zu habenden Schweißdrähten, daß er wohl kaum von anderen Legierungen mit ebenso gleichguten chemischen Eigenschaften zu verdrängen sein dürfte. Die großen Vorteile bei der Verwendung des Canzlerdrahtes gipfeln in folgendem:

Durch die diesem Stoff zugesetzten Phosphor- und Silbermengen ist erreicht, daß sich sein Schmelzpunkt immer eine beträchtliche Anzahl Grade unter dem des Hüttenkupfers hält. Diese Beimengungen tragen ferner wirksam dazu bei, daß während des Schweißvorganges eine nennenswerte Oxydulanreicherung und dadurch eine Erhöhung der Schmelzpunkte des Zusatz- und Grundstoffes bei Beobachtung aller in diesem Buche empfohlenen Maßnahmen nicht oder nur unwesentlich eintreten kann. Eine mit Canzlerdraht hergestellte Verbindung von Teilen aus Hüttenkupfer könnte nach obigen Erläuterungen, mit einigem Recht, als Hartlötung, mindestens aber als ein der Lötung ähnliches Verfahren angesehen und ihre ausreichende Festigkeit vielleicht angezweifelt werden. In Wirklichkeit liegt im Endergebnis jedoch stets, ohne Frage, eine richtige Schweißung vor. Die sich bei Benutzung dieses Drahtes während des Schweißvorganges abspielenden chemischen Vorgänge, sowie die mechanische Behandlung des unmittelbar nach dem Füllen der Schweißfuge noch rotwarmen Zusatzstoffes (Verdichten mit dem Kugelhammer nach Absatz E Punkt 11 dieses Abschnittes, S. 22) bringen es mit sich, daß eine auf diese Weise verbundene Stelle in breit angehauenem Zustand mit bloßem Auge überall stets ein gleichmäßiges Gefüge erkennen läßt. Nur bei poliertem und hinterher geätztem Schliff würden sich erst Unterschiede zeigen, wie solche beim autogenen Schweißen anderer Metalle dann auch hervortreten. Weiterhin ist bei Verwendung des Canzlerdrahtes die Benutzung kleinerer Schweißbrenner mit entsprechend geringerem Verbrauch an Azetylen und Sauerstoff möglich. Die hierdurch erzielten Ersparnisse an diesen Gasen überschreiten den für diesen Zusatzstoff gegenüber dem Elektrolytkupfer zu zahlenden Mehrpreis nicht unbeträchtlich. Schließlich ergibt sich durch die Benutzung kleiner Brenner noch der günstige Umstand, daß sich die beim Arbeiten in der Feuerbüchse wie in einem Ofenraum auswirkende Hitze in für die Schweißer erträglichen Grenzen hält. Dieser letztere Vorteil übt einen großen Einfluß auf die sachgemäße Ausführung aller Feuerbüchs-Schweißarbeiten aus und dürfte mit als einer der wichtigsten Punkte anzusehen sein.

Als Grundsatz ist bei Verwendung von Canzlerdraht hinsichtlich der Wahl der Brennergröße zu beachten:

„Zwei Schweißbrenner je gewöhnlich nicht größer als der eine Brenner, welcher für das Schweißen von gleichstarkem Eisenblech notwendig ist.“

Kleinere Abweichungen von dieser Regel mögen nur dem geübten Schweißer gestattet sein. Widrigenfalls reißen so hergestellte namentlich längere Schweißnähte wieder auf; jeder weitere Versuch einer Schweißung ist dann zwecklos, es werden immer wieder neue Risse entstehen. Verdorben ist das Grund- und Zusatzkupfer dann auf jeden Fall, auch wenn sich Fehler unmittelbar nicht erkennen lassen. Die geringe Dehnbarkeit solcher meist auch noch poriger Stellen im Baustoff wird oftmals die Quelle unliebsamer Nacherscheinungen im Betriebsdienste sein. Man gebe sich daher nicht erst großen Hoffnungen hin, sondern schneide die verdorbene Stelle ganz heraus und schweiße ein größeres Stück ein, wenn nicht besser gleich die Erneuerung der betreffenden Wand vorgezogen wird.

Canzlerdraht ist in verschiedenen Stärken erhältlich. Für Feuerbüchsarbeiten wird Draht von 6 mm bis 8 mm empfohlen. Schwächere Sorten verwende man im allgemeinen nicht. Die

Stärke des Grundstoffes, des Zusatzkupfers sowie die Brennergrößen müssen in einem angemessenen Verhältnis zueinander stehen.

Der im Canzlerdraht enthaltene Phosphor erfüllt den Zweck, die chemische Verbindung von Kupfer mit Sauerstoff möglichst zu verhindern, bzw. bei Vorhandensein einer solchen Verbindung desoxydierend zu wirken, d. h. den Sauerstoff unter Bildung von Phosphorsäure zu entziehen. Diese Phosphorsäure hat die gute Eigenschaft, daß sie auf der Oberfläche des Kupfers verfließt und dadurch den weiteren Zutritt des Sauerstoffes der atmosphärischen Luft wirksam unterbindet. Sie ersetzt also das sonst erforderliche Schweißpulver. Bei Feuerbüchskupferschweißungen liegt in den meisten Fällen ein Grundstoff vor, welcher vordem im regelrechten Betriebe durch Einwirkung der Rauchgase gelitten hat. Hier empfiehlt es sich, insbesondere bei Anfängern, Kupferschweißpulver anzuwenden. Man streut letzteres auf die Oberfläche des vorher angewärmten Kupfers, dort schmilzt es nieder und bildet einen häutchenartigen schützenden Überzug.

Die von Canzler nach einem bestimmten Verfahren hergestellte und in den Handel gebrachte Schweißpaste ist nach den hiermit angestellten Versuchen noch geeigneter als Pulver. Grundstoff und Zusatzkupfer werden vor Beginn des Schweißens im kalten Zustande nur einmal mit dieser Paste dünn bestrichen. Sie trocknet schnell an und kann dann nicht mehr vom Schweißbrenner fortgeblasen werden. Obgleich ihr Preis im Vergleich zu dem des Pulvers höher ist, ist sie hierfür auch wieder sparsamer und schließlich auch wirtschaftlicher in der Verwendung.

E. Das Schweißen schadhafter kupferner Feuerbüchsen.
(Allgemeine Maßnahmen.)

In der vom Verfasser geleiteten Betriebsabteilung sind Feuerbüchsschäden gewöhnlich beseitigt worden:

a. bei innerer Untersuchung des Kessels durch Erneuerung der einzelnen auswechselbaren Teile, sofern die Wandstärken ein gewisses Mindestmaß erreicht haben, und diese voraussichtlich bis zur nächsten äußeren Untersuchung, also nach 3 Jahren, nicht mehr zuverlässig haltbar erscheinen; in allen übrigen Fällen ausnahmslos durch Verschweißen;

b. bei der äußeren Untersuchung des Kessels, bei allgemeiner Ausbesserung und bei sonstigen Schäden nur noch durch Schweißung, z. B. bei Kümpelrissen, bei Rissen in den ebenen Wänden und Rohrwandstegen, bei abgezehrten Stemmkanten und Seitenwänden (unterer Teil). In letzteren Fällen durch Aufschweißen von Stoff, durch Anschweißen von Vorschuhen oder durch Einschweißen von Flickstücken, sowie schließlich bei im Laufe der Zeit durch öfteres Nachwalzen aufgeweiteten Heizrohrlöchern. Letztere werden ganz zugeschweißt und dann wieder mit normaler Bohrung versehen. (Näheres hierüber siehe unter Abschnitt IV, S. 33).

Selbstverständlich sind durch die vorangeführten Fälle weitere Möglichkeiten für Ausführung von Schweißarbeiten noch lange nicht erschöpft. Es bleibt aber auch hier stets eine gewisse Grenze zu ziehen, damit bei Berücksichtigung aller in Betracht kommenden Umstände die Wirtschaftlichkeit solcher Ausführungen nicht in Frage gestellt wird. Die hohen Kosten, welche die innere Untersuchung eines Kessels verursacht, müssen bei den Entscheidungen des Kesselprüfers immer mitbestimmend sein. Die von diesem getroffenen Maßnahmen sollen stets eine angemessene Betriebsdauer des Kessels versprechen und verhüten, daß die gesetzlich für die nächstfällige innere Untersuchung des Kessels vorgeschriebene Frist eine allzu große Kürzung erfahren muß.

Nachdem die Feuerbüchse untersucht und Entscheidung über die Art der Beseitigung vorhandener Schäden getroffen worden ist, bleibt zu prüfen, ob der Kessel lediglich zur Vornahme von Kupferschweißarbeiten aus seinem Rahmen genommen werden muß. Das letztere ist nur notwendig, wenn Risse in der Feuerbüchsdecke oder in der oberen Kümpelung der Tür- oder Rohrwand vorhanden sind. Bejahendenfalls muß ein solcher Kessel auf einen besonderen Wagen gebracht und 180° um seine Längsachse gedreht werden. Alle übrigen Schweißarbeiten können in jeder Lage des Kessels ausgeführt werden, jedoch nur dann, wenn Canzlerdraht als Zusatzstoff benutzt wird. Darin liegt ferner noch einer der großen Vorzüge dieses Stoffes gegenüber dem Elektrolytkupfer, daß ersterer auch an senkrechten Wänden, ohne abzutropfen, hoch aufgetragen werden kann. Selbstverständlich wird man einen Kessel, welcher sowieso wegen anderer

Ausbesserungen aus seinem Rahmen gehoben und auf einen Förderwagen gebracht werden mußte, in die für das Schweißen bequemste Lage drehen, z. B. bei Rissen in den seitlichen Kümpelungen der Tür- oder Rohrwand, beim Anschweißen von Vorschuhen an die Seitenwände, bei abgezehrten Stemmkanten und sonstigen Flickstücken. Man prüfe weiter, welche Nieten, Anker und Stehbolzen erneuerungsbedürftig sind; diese lasse man zu allererst entfernen. Sodann muß der anhaftende Kesselstein ordnungsmäßig, in der Nachbarschaft der Schweißstelle jedoch besonders gründlich, beseitigt werden. Ist das Einschweißen von Flickstücken oder Vorschuhen beabsichtigt, so müssen die schadhaften Wandflächen ebenfalls so zeitig wie möglich entfernt werden, denn das Kesselinnere erfordert an diesen gewöhnlich schwer zugänglichen Stellen gute Reinigung und Untersuchung. Befinden sich in der Nachbarschaft der künftigen Schweißnaht noch anerkannt gesunde Niete, Anker, Stehbolzen, Rauch- und Heizrohre, so müssen auch diese herausgenommen werden. Diese nie außer acht zu lassende Maßnahme hat den Zweck, daß sich der Grundstoff unter dem Einfluß der hohen Schweißtemperaturen ungehindert ausdehnen und beim Erkalten widerstandslos dann auch wieder zusammenziehen kann. Verstöße gegen diesen Rat haben meist Fehlschläge zur Folge, man sei daher nicht zu sparsam in dieser Hinsicht. Nur bei Rissen zwischen Stehbolzenlöchern ist mit obiger Regel die einzige Ausnahme zu machen. In solchem Falle sind die Stehbolzen nicht vor, sondern erst nach dem Zuschweißen des Risses zu entfernen und zu erneuern. (Näheres hierüber siehe unter Abschnitt IV, S. 35.) Schließlich bleibt zu prüfen, ob die Schweißung nur von der Feuerseite als „einseitige“ oder auch gleichzeitig von der Wasserseite der Feuerbüchse als „zweiseitige“ (Abb. 3) ausgeführt werden kann. Die einseitige Form wird wohl immer die Regel sein, mit Ausnahme von Schweißarbeiten im Rohrwandnetz. Im letzteren Falle müssen, wenn nicht innere Untersuchung stattfindet, soviel Heiz- und Rauchrohre entfernt werden, daß der stets erforderliche zweite Schweißer genügende Bewegungsfreiheit zur Ausführung seiner Arbeiten im Langkessel hat.

Die Feuerbüchse ist nunmehr soweit vorgearbeitet, daß mit der Schweißung begonnen werden kann. Vorher hält es der Verfasser für zweckmäßig, und damit auch gute Erfolge erzielt werden, für notwendig, alle vorstehend an verschiedenen Stellen eingeflochtenen Grundsätze gesammelt zu wiederholen:

Punkt 1: Benutzung von Canzlerdraht als Zusatzkupfer nebst Schweißpaste.

Punkt 2: Verwendung von handlichen Schweißbrennern für Azetylen-Sauerstoff mit langem Mischrohr und auswechselbaren Düsen.

Punkt 3: Zwei Schweißer, jeder mit einem Brenner ausgerüstet.

Punkt 4: Größe jedes Schweißbrenners gleich oder kleiner als der des einzelnen Apparates, welcher für das Schweißen großflächiger Eisenplatten von der Stärke der zu behandelnden Kupferwand genügen würde.

Zu groß gewählte Brenner überhitzen das Kupfer und führen zu Rißbildungen in der fertigen Schweißnaht, mindestens wird die Festigkeit an dieser Stelle stark dadurch beeinträchtigt.

Punkt 5: Die glatt, nicht zackig zu behauenden unter 45° (siehe Abb. 3) abzuschrägenden Schweißkanten des Grundstoffes müssen durchweg eine metallisch reine lachsfarbene Oberfläche zeigen.

Punkt 6: Bei einseitig behauener Naht soll nur ein Schweißer die Fuge mit Canzlerdraht ausfüllen. Der zweite Schweißer hat hierbei mit seinem Brenner die nächste Umgebung der Schmelzstelle fortgesetzt unter genügender Wärme zu halten. Der letztere muß scharf auf die zu verbindende Stelle Obacht geben und die Flamme in dauerndem Wechsel (niemals auf einen Punkt) stets dorthin richten, wo größerer Bedarf an Wärme vorliegt. Bei Beobachtung von Wärmeüberschuß an einzelnen Stellen ist es vorteilhaft, die Heizflamme kürzere Zeit sofort in der weiteren Umgebung der Schweißstelle auf den Grundstoff einwirken zu lassen, sie aber alsbald wieder zurückzuführen. Es ist ungünstig, den Brenner vorübergehend auszuschalten. Sofern es der verfügbare Raum zuläßt, ist bei Rohrwänden das Anwärmen auch von deren Rückseite aus nicht zu verwerfen. Ein verständnisvolles durch andere lärmenden Geräusche nicht gestörtes Zusammenarbeiten beider Schweißer ist jedenfalls erste Bedingung.

Punkt 7: Bei zweiseitig behauener Naht arbeitet jeder der beiden Schweißer mit Canzlerdraht. Die zwei gleichgroßen Brenner sind so zu führen, daß sich ihre Bewegungen wie bei einem Spiegelbild möglichst decken.

Punkt 8: Der Zusatzstoff (Canzlerdraht) darf nie dünnflüssig gemacht werden. Man bringt ihn in mehr teigigem Zustande auf die nur soweit erhitzte Stelle der Schweißfuge erst dann, wenn der Grundstoff eben anfängt flüssig zu werden. Eine Erwärmung über diese Grenze hinaus wirkt schädlich.

Punkt 9: Das Füllen von Schweißfugen in senkrechten Wänden hat in der in Abb. 3 veranschaulichten Weise zu erfolgen. Man beginnt sorgfältig am Grunde der Naht mit dem schichtenweisen Auftragen des Zusatzmaterials und läßt dieses die Fuge breit und flachwulstig abschließen.

Punkt 10: Beim Schweißen einer Fuge, welche sich in

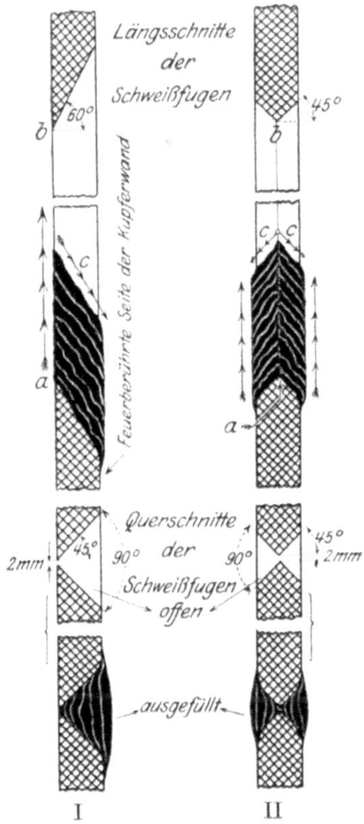

Abb. 3. Gang der Schweißung einer Fuge, welche in einer senkrechten Wand von unten nach oben verläuft: I von einer Seite, II von beiden Seiten.

Erste Schicht(en) bei *a* anfangend in Richtung(en) *c* auftragen. Die nächsten Schichten in gleicher Weise, stets von der Linie *a*—*b* ausgehend, bilden und darüber aufbauen.

einer wagerecht liegenden Wand befindet, und welche nur von einer Seite aufgefüllt werden kann, ist nach den Angaben unter Punkt 9 ebenfalls allgemein zu verfahren. Es hat sich jedoch hierbei zwecks Vermeidung des Nachreißens der fertigen Naht als vorteilhaft erwiesen, wenn der Schweißbrennergriff möglichst parallel der Fuge gehalten und letztere in der Richtung nach dem Schweißer zu gefüllt wird. Der Ausführende muß sich also beim Schließen längerer Risse rückwärts bewegen. Läßt dies der verfügbare Raum nicht zu, so empfiehlt sich eine solche Schräghaltung des Brenners, daß der größte Teil der Schweißflamme immer noch über das bereits eingeschweißte Kupfer streicht (streut) und dieses genügend unter Hitze hält. Durch diese Maßnahme wird dem Auftreten von Schrumpfspannungen solange vorgebeugt, bis das in Punkt 11 beschriebene Hämmern einsetzen muß.

Punkt 11: Nach Fertigschweißen eines etwa 120—150 mm langen Stückes der Naht sind die Brenner abzustellen und gegen Kugelhämmer nach Abb. 1 zu vertauschen. Mit diesen Werkzeugen ist (bei einseitiger Naht) von beiden Schweißern das eingefüllte noch rotwarme Zusatzkupfer anfangs mit ziemlich kräftigen und abwechselnd schnell aufeinanderfolgenden, in ihrer Wirkung dann aber nachlassenden Schlägen zu verdichten und gleichzeitig zu strecken, damit die durch das schnell eintretende Erkalten des vorher hoch erwärmt gewesenen Grundstoffes entstehenden Spannungen möglichst vollkommen aufgehoben werden. Es empfiehlt sich, bei zweiseitigen Schweißungen die Kugelhämmer nicht gleichzeitig einwirken zu lassen. Die Schweißer müssen in ihrer Tätigkeit nach Verlauf von 8—10 Sekunden derart wechseln, daß der eine mit einem Vorschlaghammer gegenhält und der andere hämmert.

Das Kupfer ist als genügend verdichtet und gestreckt anzusehen, wenn es sich bis auf Handwärme abgekühlt hat. Die letzten Schläge sind auch nur noch ganz leicht auszuführen und sollen mehr zum Glätten der Oberfläche dienen. Bei einseitiger Schweißung ist tunlichst anzustreben, daß die Fuge von vornherein durch untergekeiltes oder mittels Druckschrauben angepreßtes Flacheisen gute Unterstützung erhält. Dadurch wird neben einem wirksamen Gegenlager für das Hämmern ein geeigneter Wärmespeicher geschaffen, welcher die Rückseite der Naht günstig beeinflußt und deren glatten Schluß sichert. Man wird zweckmäßig zwischen Flacheisen und Kupferwand unmittelbar unter die Schweißfuge Asbeststreifen (jedoch nicht Asbestersatz) als neutrale Schicht legen, damit sich nicht Eisen und Kupfer durch Hartlötung verbinden können.

Nachdem ein solches Stück der Naht endgültig fertiggestellt worden ist, sind die Schweißbrenner wieder zur Hand zu nehmen und die nächsten zu schweißenden Abschnitte in derselben vorbeschriebenen Weise je in Längen von 120—150 mm bis zum vollständigen Schluß der Fuge zu behandeln. Es ist stets anzustreben, daß sich die fertige Naht flachwulstig aus dem Grundstoff heraushebt; keineswegs darf an dieser Stelle eine muldenartige Vertiefung zurückbleiben. Falsch würde es ferner sein, den Wulst abzumeißeln, um die Schweißstelle dem Auge unsichtbar zu machen. Der Wulst, gut glatt gehämmert, wirkt durchaus nicht unschön. Er bietet andererseits den großen Vorteil, daß die an dieser Stelle ausgebesserte Wand dicker und fast ebenso widerstandsfähig wie die ihrer Umgebung geworden ist. Es ist zweckmäßig, die Oberfläche des eigentlich nun fertigen Wulstes unter Zuhilfenahme eines leichtschlagenden Preßlufthammers, in welchem ein Verstemmer mit nur wenig gewölbter Bahn eingesetzt ist, politurähnlich zu glätten. Durch diese Maßnahme wird die zehrende Wirkung der Rauchgase nahezu verhindert.

Punkt 12: Kupferschweißarbeiten sind während der kälteren Jahreszeit zweckmäßig nur in geschlossenen und geheizten Räumen vorzunehmen, mindestens ist aber jeder merkliche Luftzug von diesen Arbeiten ängstlich fernzuhalten. Wie bei Eisenschweißungen schwieriger Art auf langsame Abkühlung der betr. Gegenstände zur Vermeidung schädlicher Spannungen und zur Erzielung möglichst kleinen Gefügekornes gerücksichtigt werden muß, ist auch bei Kupfer die gleiche Maßnahme streng zu befolgen. Eingebaute Feuerbüchsen, deren Ausbesserung durch Schweißen in diesem Buche bevorzugt besprochen wird, kommen der Erfüllung dieser Bedingungen auf Grund ihrer einem Anwärmofen ähnelnden Bauart gewissermaßen schon entgegen. Es gilt daher, je nachdem es die Rücksicht auf die Schweißer gebietet und unter Beobachtung der im umgebenden Werkstattsraume herrschenden Temperatur, diese Vorteile restlos auszunützen und eine möglichst langsame Abkühlung herbeizuführen. Dieser Zweck wird dadurch erreicht, daß der Kessel sofort nach beendetem Schweißen in seine normale Lage gebracht, alle Rauchkammeröffnungen geschlossen oder verhängt und die sonst noch vorhandenen Öffnungen (Schornstein, Dom usw.) auf mehrere Stunden gut abgedeckt werden.

Die Kupferschweißer, besonders die Anfänger, werden auch häufig den Wunsch nach besserer Luftbewegung im Feuerbüchsraume äußern, welchem jedoch mit Rücksicht auf das angestrebte Ziel leider nicht im vollen Umfange stattgegeben werden darf. Es kann diesen Wünschen insofern entsprochen werden, daß man ausgebaute Kessel zwecks besserer Belüftung um $90-180^{0}$ dreht und den Schweißern nach vollendeter Arbeit genügend Zeit und Gelegenheit zum Abkühlen und Ausruhen in einem angemessenen erwärmten Raume bietet. Ferner wird auch eine bessere Entlöhnung für diese Arbeiten ihre gute Wirkung nicht verfehlen. Der sich hieraus ergebende Mehraufwand an Kosten wird durch die erzielten Vorteile reichlich aufgewogen.

Im Anschluß hieran sei nochmals betont, daß es äußerst günstig ist, bei Verwendung von Canzlerdraht die jeweils möglichen kleinsten Schweißbrenner zu benutzen. Die Güte des Stoffes in und neben der Schweißstelle wird dann auch allen Ansprüchen genügen. Die Abb. 4a—d veranschaulichen deutlich die Nachteile, welche die Verwendung zu großer Brenner im Gefolge gehabt hat. Von den einseitig zugeschweißten nicht unterkeilt gewesenen Kümpelrissen R_1 und R_2 sind bei R_2 die charakteri-

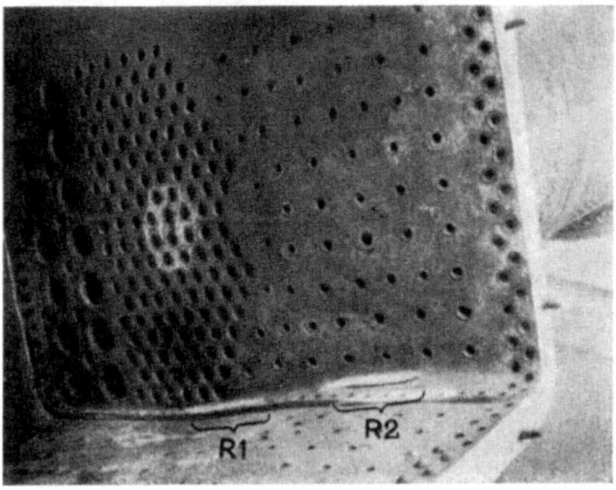

Abb. 4a.

stischen Merkmale einer stattgefundenen Überhitzung des Grund- und Zusatzkupfers auf der Rückseite der Naht deutlich zu erkennen. Das überhitzte und dadurch dünnflüssig gewordene Zusatzkupfer ist durch den Riß getreten und dann zu tropfstein-

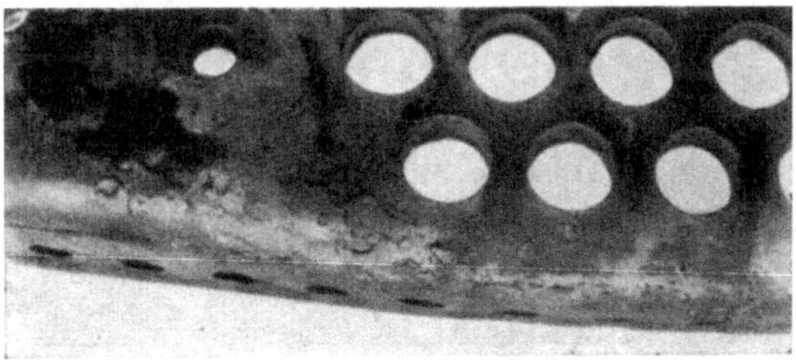

Abb. 4b. Rückseite des geschweißten Risses R_1.

ähnlichen Gebilden erstarrt. Am Urstück sind außerdem noch mehrere senkrecht zur Schweißfuge verlaufende Risse zu erkennen gewesen. Diese Schweißstelle wird daher nicht dicht und ihre Festigkeit nur gering sein. Der mit dem richtig gewählten kleineren Brenner behandelte Riß R_1 ist dagegen einwandfrei.

Die vorstehend unter den Punkten 1—12 und die daran anschließend gegebenen Richtlinien und Hinweise hält der Verfasser nunmehr für erschöpfend und so klar genug, daß jeder in

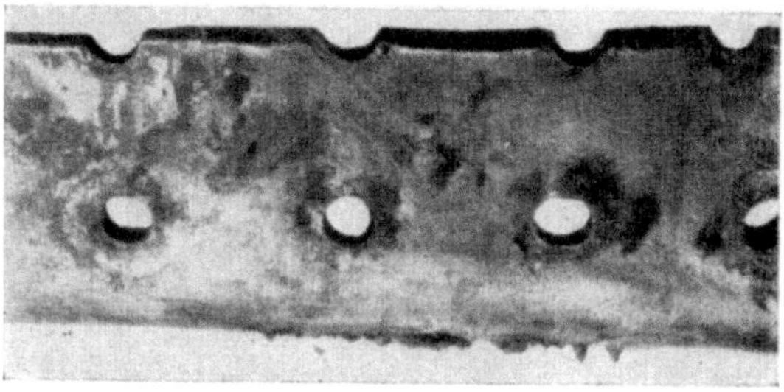

Abb. 4c. Rückseite des geschweißten Risses R_2.

Frage kommende Werkbetrieb auch wird danach arbeiten und gute Erfolge erzielen können.

Alles weitere zum Gelingen müssen Übung, Geschicklichkeit, Ausdauer und Besonnenheit des Schweißers vollbringen. Um

Abb. 4d. Größere Teilaufnahme der Rückseite des geschweißten Risses R_2 (Draufsicht).

diesem auf dem anfangs schwierigen Wege entgegenzukommen und die Betriebsleiter so wenig wie möglich zu zeitraubenden und kostpieligen Vorversuchen zu veranlassen, sind im folgenden Abschnitt eine Anzahl Ausführungsbeispiele gegeben.

IV. Die Nutzanwendung des Kupferschweiß-verfahrens.

Es werden nur Schäden behandelt, deren Beseitigung ohne Ausbau des wiederherzustellenden Feuerbüchsteiles zweckmäßig und lohnend ist.

A. Kurze Erläuterungen und kritische Betrachtungen zu dem nicht mehr zeitgemäßen Verfahren des Flickens mittels Schrauben oder Nieten.

1. **Abgezehrte Stemmkanten:** Häufige Erscheinung an solchen Stellen, welche im Bereich der Feuerzone liegen. Behebung durch Aufsetzen von Laschenflicken. Schwieriges Verstemmen der nach der Rundung des Umbuges zu liegenden Kante, welche meist bald wieder undicht wird. Nicht selten auch Auftreten am Feuertürloch, bei welchem Kesselsteinansammlungen bzw. Mangel an Wasserkühlung Ursachen des Abzehrens sind. Abb. 10: Laschenflicken am Feuertürloch.

2. **Risse im seitlichen und oberen Umbug der Tür- und Rohrwand:** Auftreten ebenfalls recht häufig. Ausbesserung der

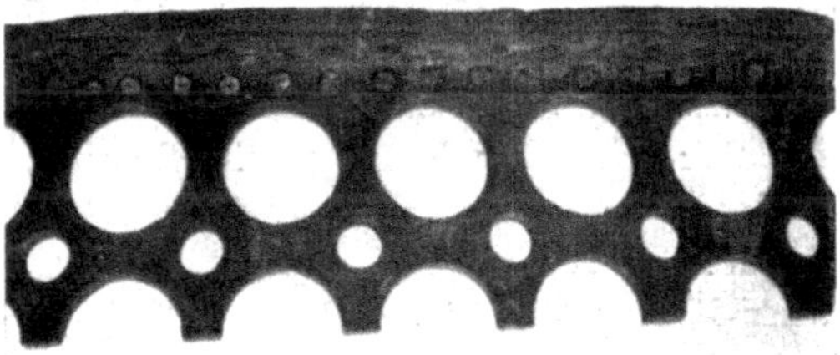

Abb. 5.

schadhaften Stelle durch Anbringung eines Winkelflickens ziemlich teuer, zeitraubend und in bezug auf längere Haltbarkeit recht zweifelhaft. Solche in Höhe des Rohrnetzes liegende Flicken erfordern das Verschließen einer Zahl Heizrohrlöcher durch eingeschraubte Pfropfen, dadurch Verringerung der Heizfläche. Zufriedenstellende Ausführung erfordert die tüchtigsten Kesselschmiede. Abb. 5, einen Keilflicken an einer ausgebauten Rohrwand zeigend.

3. Abgezehrte und durch häufiges Stehbolzenauswechseln stark mitgenommene Seitenwände im Bereich der Feuerzone: Erneuerung durch Anbringung von Vorschuhen vielfach erforderlich, wenn der übrige Teil der Feuerbüchse noch gut erhalten ist, sich also Auswechselung der gesamten Büchse zunächst nicht lohnt. Die Stemmkante muß so hoch gelegt werden, daß sie

Abb. 6.

nicht unmittelbar in der Feuerzone verläuft. Arbeit an sich leicht einwandfrei und zuverlässig ausführbar. Haltbarkeit jedoch nur von verhältnismäßig beschränkter Dauer. Stemmkante, Befestigungsniete oder Schrauben brennen schnell ab; sie erfordern fast alle bei der nächsten inneren oder äußeren Untersuchung des Kessels wieder eine Nachbehandlung unter Aufwendung nicht unbeträchtlicher Kosten (Abb. 6).

4. Aufgeweitete Heizrohrlöcher: Verbreiteter Übelstand, welchem durch Einziehen kupferner Gewindebuchsen mit nachfolgendem Walzen begegnet wird. Eine an sich ordentliche aber immerhin umständliche Maßnahme, welche niemals ein wirklich strammes Einwalzen der Rohre verspricht. Rohrlecken an solchen Stellen ist eine bekannte Erscheinung. Abb. 11: am Rande des Rohrwandausschnittes.

5. Risse zwischen Stehbolzenlöchern: Treten häufig in der Feuerzone auf, wenn sich Kesselsteinnester gebildet haben. Ausschneiden eines größeren Stückes der Wand und Aufsetzen eines

Flickens erforderlich. Stemmkanten und Befestigungsmittel erleiden durch die Einwirkung des Feuers einen besonders schnellen Verschleiß. Erneuerung des Flickens in größerer Fläche als zuerst oft nach 1—2 Jahren schon wieder notwendig. Wenig empfehlenswerte und größere Kosten verursachende Arbeit. Abb. 7, Seitenwandflicken in Verbindung mit Winkelflicken zeigend.

Abb. 7.

6. **Gerissene Heizrohrlochstege**: Häufige Erscheinung. Eine Folge der unter Punkt 4 erwähnten Ursachen. Bei vereinzeltem Auftreten Verschließen der benachbarten Rohrlöcher durch eingeschraubte kupferne Pfropfen, sodann Verbohren und Zuschrauben des Risses mit einer Schraube oder durch mehrere kleinere kettenartig ineinandergreifende Schrauben. Bei gruppenweisem Auftreten solcher Risse ist kunstvolle Anbringung eines Flickens notwendig, dessen Kosten jedoch in keinem Verhältnis zum erzielten Nutzen stehen. In solchem Falle Erneuerung der ganzen Rohrwand die beste Lösung.

7. **Gerissene Rauchrohrlochstege**: Abb. 13. Nicht seltenes Auftreten, vielfach eine Folge von Wassermangel. Verklammern des Risses durch passend gearbeitete sogenannte Klammerplatten. Dieser Behelf ist zuweilen nur kurze Zeit von befriedigender Wirkung. Unausbleibliche Zerrungen in der Rohrwand führen an solchen Stellen leicht wieder zu Undichtigkeiten.

B. Das Schweißen.
(Ausführungsbeispiele.)

1. Schwachabgezehrte Stemmkanten: Schweißstelle kann senkrecht oder wagerecht (tischrecht) liegen. — Niete entfernen. — Ausglühen der schadhaften Stelle mittels Schweißbrenners und Abschrecken derselben durch Aufgießen von Wasser, damit anhaftende Unreinigkeiten verschwinden. — Bestreichen mit Schweißpaste. — Unterkeilen an dieser Stelle nicht erforderlich. — Schweißbrenner zur Hand, einer zum Schweißen, der andere zum Anwärmen, letzteres gegebenenfalls von der Rückseite aus. — Auftragen des Stoffes ähnlich wie bei einseitiger Schweißung nach Abschnitt III E, S. 21 mit zugehöriger Abb. 3 in einer Länge bis 150 mm (an der Stemmkante gemessen). — Brenner abstellen und Stoff mit Kugelhammer verdichten. — Abschnittweise weiter in der Weise vorgehen. — Niete einziehen. — Stemmkante bearbeiten. — Nietlöcher nachreiben. — Schließlich Stemmarbeiten.

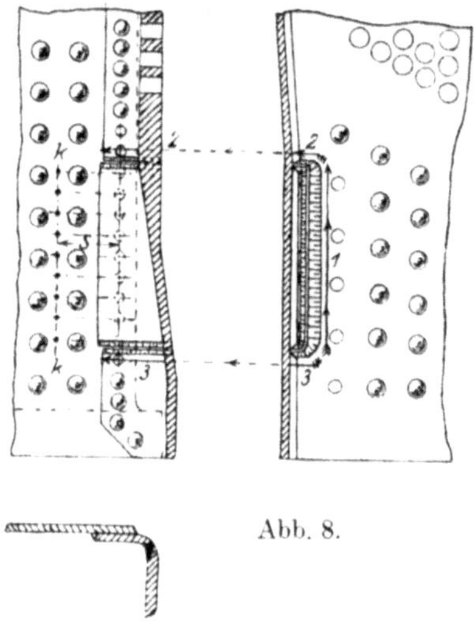
Abb. 8.

2. Stark abgezehrte Stemmkanten: Hierzu Abb. 8 und 13. Lage des Kessels beliebig. — Auskreuzen der schadhaften Stelle. — Benachbarte Niete und Heizrohre entfernen. — Gegebenenfalls die Mittelpunkte der Nietlöcher der freigelegten Seitenwand auf dieser anreißen, Körnermarken k einschlagen und die Strecke s festlegen. — Flickstück aus Neukupfer herrichten, einpassen und Fuge für einseitige Schweißung behauen mit 2—3 mm Spielraum zwischen Flickstück und der alten Wand. — Flickstück durch Klemmschraube und Platte paßrecht festhalten lassen. — Unterkeilen der offenen Naht, wenn von der Wasserseite zugänglich, ratsam, jedoch nicht unbedingt erforderlich. — Schweißpaste auftragen. — Brenner zur Hand, abschnittweises Anwärmen, Schweißen, Hämmern und Verdichten der Naht in der durch Pfeile und Nummern angedeuteten Reihenfolge. — Das rotwarme Flickstück bei etwaigem Werfen zwischendurch mit der balligen Bahn eines größeren Hammers immer wieder anrichten. — Neue Nietlöcher gegebenenfalls unter Benutzung der Körnermarken k, der Reißlinien und der Strecken s festlegen, bohren und nachreiben. — Niete einziehen. — Stemmkante bearbeiten. — Zuletzt Stemmarbeiten. —

3. **Riß im seitlichen Umbug der Tür- oder Rohrwand:** Schweißstelle kann senkrecht oder wagerecht (tischrecht) liegen. — Auskreuzen des Risses, auch wenn dieser nicht ganz durchgeht, auf der Feuerseite für einseitige Schweißung nach Abschnitt III E, S. 21 mit zugehöriger Abb. 3. — Benachbarte Niete und Heizrohre entfernen. — Unterkeilen der offenen Naht, wenn von der Wasserseite zugänglich, vorteilhaft. — Gegebenenfalls genügt während des Verdichtens mit dem Kugelhammer das Gegenhalten eines ausreichend schweren passend geformten Eisenstückes. — Schweißpaste auftragen. — Anwärmen von der Feuer- oder Wasserseite. — Abschnittweises Schweißen und Hämmern. — Nur soviel Stoff auftragen, daß selbiger nach dem Verdichten aus der Rundung des Umbuges nicht wulstig heraustritt, sondern glatt verläuft. Der Umbug muß an der geschweißten Stelle möglichst die gleiche Nachgiebigkeit (Federung) wie der übrige gesundgebliebene Teil behalten. — Ist neben dem Riß auch noch die Stemmkante abgezehrt, dann besser gleich Einschweißen eines Flickstückes nach Absatz B, Punkt 2 dieses Abschnittes (Abb. 8 und 13).

4. **Riß im oberen Umbug der Tür- oder Rohrwand:** Bei derartiger Schweißung Kessel ausbauen und ihn zweckmäßig 180° um seine Längsachse drehen, damit die schadhafte Stelle wagerecht (tischrecht) zu liegen kommt. — Dann das gleiche wie unter Absatz B Punkt 3 dieses Abschnittes beschriebene Verfahren anwenden. Abb. 9a, Rohrwand mit Flicken zum Schweißen vorbereitet; Abb. 9b, Rohrwand geschweißt und Niete wieder eingezogen.

Das Verschließen eines solchen Risses über Kopf ist bei normaler Kessellage, in diesem Falle als zweiseitige Schweißung, wohl durchführbar, erfordert wegen der auftretenden Hitze jedoch außergewöhnlich geübte und körperlich recht widerstandsfähige Schweißer. — Kopf und Hände müssen durch Schutzhüllen aus Asbest und Drahtgaze gegen absprühende Kupferteilchen gesichert

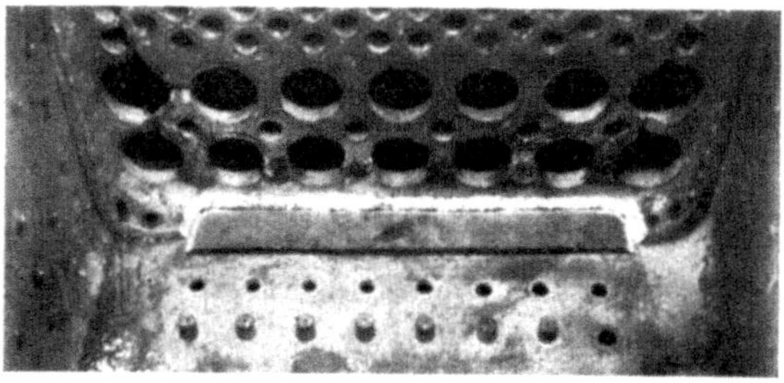

Abb. 9a.

sein. — Anwendung größter Vorsicht ist hierbei am Platze, Vorübung und Prüfung der Schweißer an Feuerbüchsen, welche sowieso ausgebaut werden, mit nachfolgender Untersuchung der Schweißstelle wird dringend empfohlen.

Abb. 9b.

5. **Risse in der Feuerbüchsdecke, dicht an der Stemmkante des Tür- und Rohrwandumbuges:** Einsetzen eines Flickstückes in den Umbug nach Absatz B Punkt 2 dieses Abschnittes S. 30 (Abb. 8), welches jedoch breiter als der Bord der Wand sein und über den Deckenriß zur Bildung einer neuen Nietreihe reichen

muß. — Vorher müssen die benachbarten Deckenstehbolzenmuttern, Queranker und Bügelanker entfernt, sowie die gerissene

Abb. 10.

Decke verkürzt worden sein. — Günstigste Lage in solchem Falle, ausgebauter Kessel 180° um seine Längsachse gedreht. — Abb. 10 zeigt naturgetreu ein derartiges Flickstück.

Abb. 11.

6. **Aufgeweitete Heizrohrlöcher:** Hierzu Abb. 11. — Lage des Kessels beliebig. — Zweiseitige Schweißung, daher mindestens so viel Heiz- und Rauchrohre entfernen, daß im Langkessel ein Schweißer mit Brenner ungehindert arbeiten kann. — Aus Voll-

kupfer (Stehbolzen- oder besser Elektrolytkupfer) gestauchte Linsen mit Gratansatz nach Abb. 12a rechts in verschiedenen Größen (Durchmessern) vorrätig halten. — Vom zuzuschweißenden (meist unrunden) Loch die größte Weite feststellen, entsprechend große Linse auswählen und deren Grad passend hierzu befeilen. — An die auf einen feuerfesten Steinbrocken gelegte Linse Canzler-

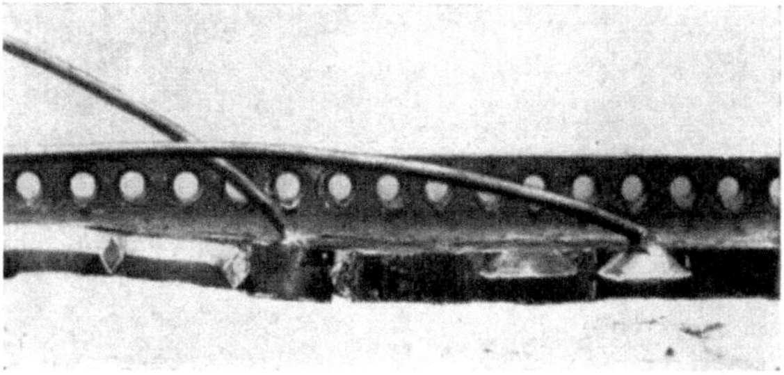

Abb. 12 a.

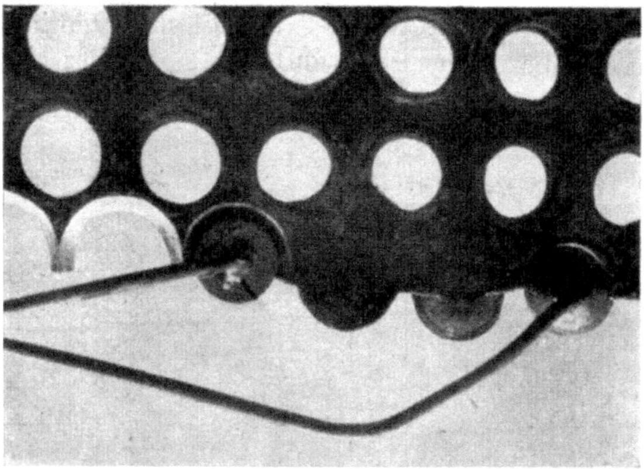

Abb. 12 b.

draht als Handgriff schweißen (Abb. 12a u. b) und diese sogleich in Wasser abschrecken. — Rohrloch und Linse mit Paste bestreichen. — Rohrwand von beiden Seiten um das Loch herum mit Hilfe der Schweißbrenner bis zur Rotglut erhitzen. — Linse erst jetzt einführen, anwärmen und am Handgriff solange festhalten, bis diese der zweite Schweißer im Rohrloch an einem Punkt angeschweißt hat. — Handgriff abschweißen und die rund verlaufende Schweißfuge nunmehr von beiden Seiten ohne Unterbrechung, wie bei gestreckter Fuge mit Stoff ausfüllen. — Schweißbrenner bei dieser Arbeit immer möglichst gegenüberhalten (Spiegelbildbewegung). — Linse nimmt ziemlich schnell Hellrotglut an, daher acht geben und keine Überhitzung herbeiführen. — Nach Schluß, Naht sofort verdichten mit Kugelhammer auf der einen und Vorschlaghammer (Gegenhalten) auf der anderen Seite. — Nach 8—10 Sek. mehrmals bei diesem Arbeitsvorgang wechseln also die Hämmer gewissermaßen vertauschen, zu welchem Zweck diese beiden Werkzeuge für jeden Schweißer schnell erreichbar zur Hand sein müssen. — Nächste Rohrlöcher erforderlichenfalls in derselben Weise schließen. — Schließlich Mittelpunkte festlegen und Löcher in normaler Weite neu bohren. — Abb. 11 in der Mitte des Rohrwandausschnittes.

Die Verwendung zylindrischer Pfropfen (Abb. 12a links) an Stelle von Linsen, dafür aber Aussenken des Rohrlochs zwecks Bildung der Schweißfuge ist weniger zu empfehlen, weil dadurch eine Schwächung der ohnehin nicht mehr starken Stege hervorgerufen wird. Je stärker sich die Rohrlochstege erhalten lassen, je weniger ist ihre Überhitzung beim Schweißen zu befürchten. Abb. 12a und 12b (Längsschnitt und Draufsicht) erklären deutlich die vorerwähnten Unterschiede. Der Verbrauch des teueren Zusatzstoffes ist bei Verwendung von Kupferlinsen außerdem geringer, wie überhaupt die Kosten für die hierzu erforderlichen Vorarbeiten wesentlich niedriger als bei Verwendung zylindrischer Pfropfen sind.

7. **Aufgeweitete Rauchrohrlöcher:** Die verhältnismäßig starken Stege gestatten zuverlässiges Einziehen einer Gewindebuchse unter Aufwendung mäßiger Kosten. Ausführung ebenso haltbar wie das Einschweißen einer Buchse, welche nicht die Form einer vollen Linse (Abb. 12a) sondern etwa einer Dichtungslinse haben müßte. Wiederherstellung durch Schweißen daher aus wirtschaftlichen Gründen nicht empfehlenswert.

8. **Gerissene Heizrohrlochstege:** Lage des Kessels beliebig. — Sämtliche Risse für zweiseitige Schweißung behauen. — Schweißpaste auftragen. — Zuerst die einen Stegriß begrenzenden Rohrlöcher in der nach Absatz B Punkt 6 dieses Abschnittes beschriebenen Weise und dann weiterhin den Riß zuschweißen. — Jede Schweißung immer einzeln für sich behandeln und gut

durch Hämmern verdichten. — Bei sich unmittelbar daran anschließenden Stegrissen ist unter Anlehnung an die in Abb. 13 gegebene Reihenfolge fortzufahren. — Die am tiefsten und am weitesten nach dem Rande des Rohrlochnetzes sitzenden Löcher und Stege, deren Schweißen notwendig ist, sind zweckmäßig zuerst in Angriff zu nehmen usw. gleichmäßig nach der Mitte des Netzes in dieser Arbeit fortschreitend.

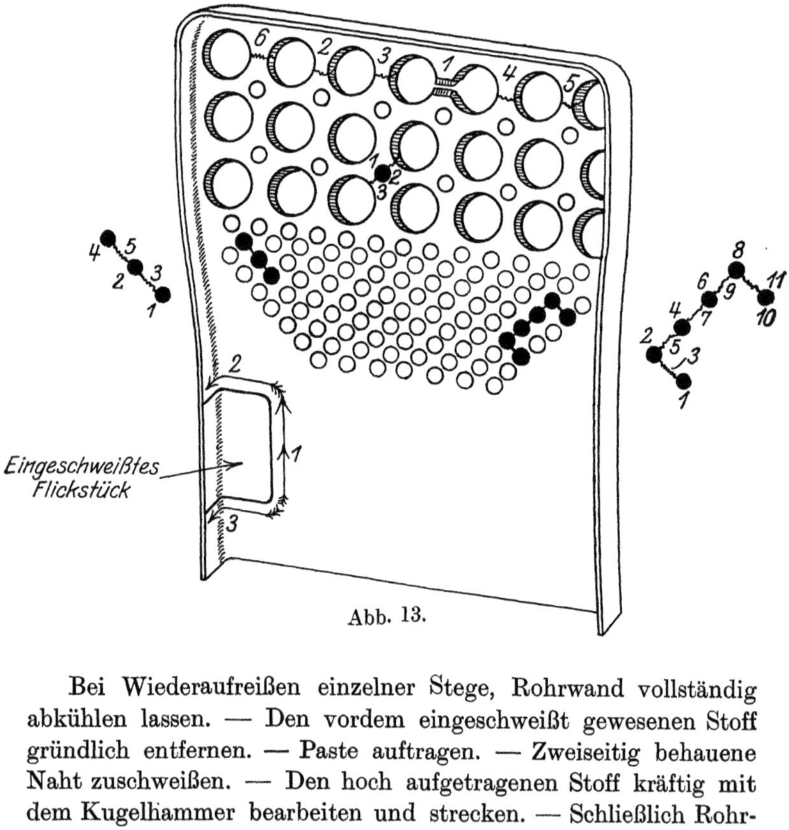

Abb. 13.

Bei Wiederaufreißen einzelner Stege, Rohrwand vollständig abkühlen lassen. — Den vordem eingeschweißt gewesenen Stoff gründlich entfernen. — Paste auftragen. — Zweiseitig behauene Naht zuschweißen. — Den hoch aufgetragenen Stoff kräftig mit dem Kugelhammer bearbeiten und strecken. — Schließlich Rohrlöcher neu bohren. —

9. Gerissene Rauchrohrlochstege: Lage des Kessels beliebig. — Risse zweiseitig behauen und in der bekannten Weise zuschweißen. — Bei mehreren gerissenen Stegen ist es ratsam, das Schweißen in der in Abb. 13 angegebenen Reihenfolge durchzuführen. — Bei Wiederaufreißen eines ausgebesserten Steges verfahre man in der unter Punkt 8 (Heizrohrlochstege) beschriebenen Weise. — Ein vorheriges Zuschweißen der Rauchrohrlöcher ist im Gegensatz zu dem Verfahren bei Heizrohrlöchern nicht erforderlich. —

10. Risse zwischen Stehbolzenlöchern: Lage des Kessels beliebig. — Stehbolzen nicht entfernen. — Riß für einseitige Schweißung zum Teil bis in die angrenzenden Stehbolzen hinein behauen. — Paste aufstreichen. — Die Naht zuschweißen, Stoff etwas hoch auftragen und ihn dann reichlich hämmern und strecken. — Die Stehbolzen, welche der Wand eine genügende Steifigkeit beim Verdichten des eingeschweißten Stoffes gegeben haben, und welche zum Teil mit verschweißt sind, ausbohren und durch neue ersetzen. — Bei herausgenommenem Feuerbüchsbodenring, bei welchem ein Unterkeilen solcher Schweißfugen gut durchführbar ist, stehen der vorherigen Entfernung der Stehbolzen keine Bedenken entgegen. Diese Schweißarbeit ist schwieriger, als sie auf den ersten Blick erscheint; daher gute Vorübung notwendig.

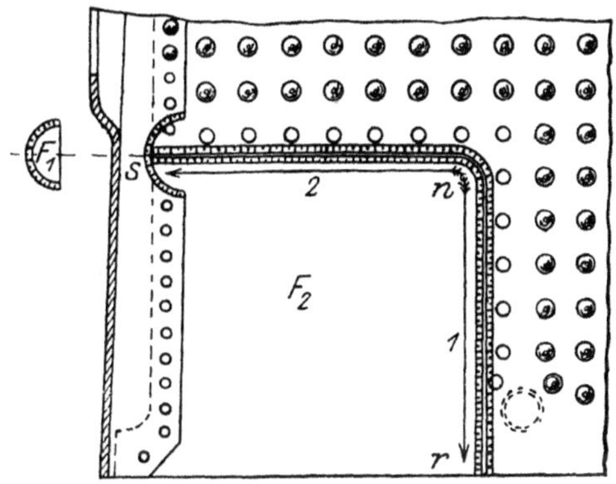

Abb. 14a.

11. Seitenwandflicken einschweißen: Hierzu Abb. 14a—c. Lage des Kessels beliebig. (Die wagerechte Lage der auszubessernden Wand ist jedoch für das Schweißen am günstigsten.) — Den Umbug für die spätere Aufnahme des Flickstückes F 1 ausklinken. — Die schadhafte Fläche der Seitenwand abkreuzen und die Kante für einseitige Schweißung schräg behauen. — Flickstück F 2 herrichten und so einschieben, daß zwischen diesem und der alten Wand im Grunde der für einseitige Schweißung behauenen Fuge sich diese in Richtung 1 von n bis r gradlinig von 3 auf 12 mm erweitert, während in der Fuge in Richtung 2 von n bis s durchweg 3—4 mm Zwischenraum bleiben. Sollte es sich ergeben, daß letztere beim Schweißvorgang nicht ausreicht, so nehme man mit einem bereitliegenden Preßluftmeißelhammer einen Span vom Grundstoff fort. Flickstück F 2 muß vorteilhaft stets bis zum Feuerbüchsbodenring durchgehen und mindestens noch 10 mm über letzteren hinausragen. — Schweißfuge gut

Abb. 14 b.

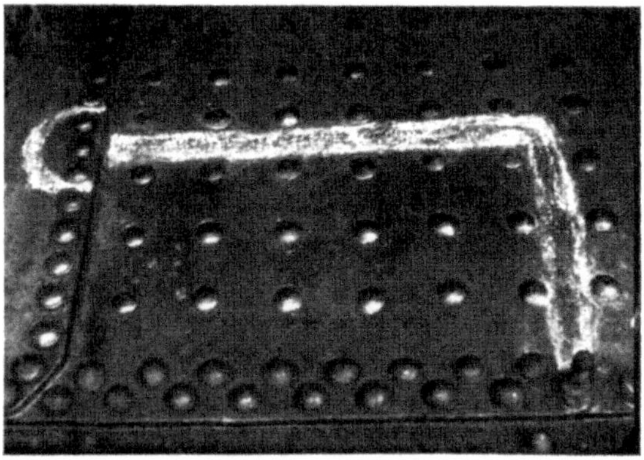

Abb. 14 c.

unterkeilen. — Schweißpaste auftragen. — Abschnittweises Schweißen der Fuge mit nachfolgendem Hämmern des Zusatzstoffes von Punkt n anfangend erst in Richtung 1 bis r und sodann in Richtung 2 von n bis s. — Eingeschweißten Zusatzstoff flachwulstig überstehen lassen mit Ausnahme an der Stelle, an welcher das Flickstück F 1 in der bekannten Weise nachher noch einzuschweißen ist. — Nietlöcher bohren. — Niete einziehen. — Stemmkanten behauen. — Stemmarbeiten.

12. Seitenwandvorschuh anschweißen: Hierzu Abb. 15. — Lage des Kessels und vorbereitende Arbeiten, wie unter Punkt 11 beschrieben. — Vorschuh F 2 herrichten und an der Schweißkante so bearbeiten, daß diese von der Mitte m ausgehend in der Richtung nach o sich von 3 mm gradlinig auf 12—15 mm erweitert, wohingegen in der Richtung nach p die Fuge gleich-

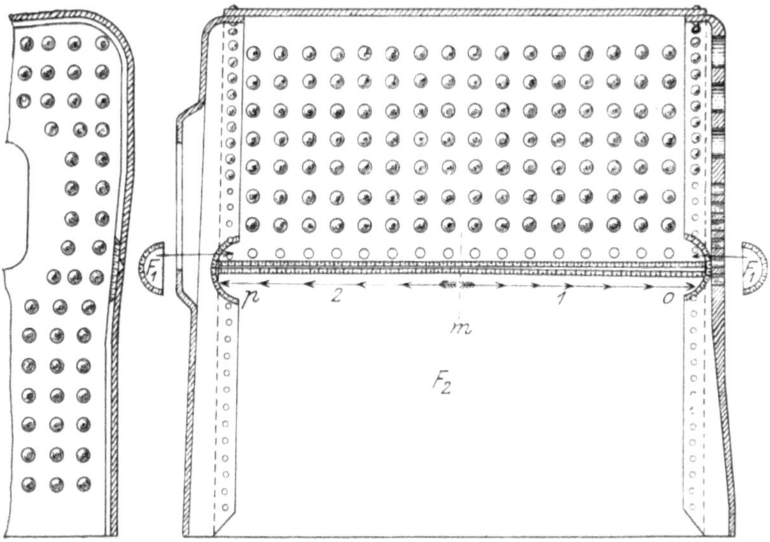

Abb. 15.

mäßig auf 3—4 mm Abstand einzurichten ist. — Vorschuh paßrecht einschieben und in der bekannten Weise erst in der Richtung 1 von m bis o dann in der Richtung 2 von m bis p verschweißen. — Schließlich die Flickstücke F 1 einschweißen, Niet- und Stemmarbeiten. —

13. Allgemeines: Ausbildung der Flickstücke derart, daß nie mehr als drei Kanten einzuschweißen sind, die vierte muß Stemmkante sein. Der einzige jedoch öfter vorkommende Fall, bei welchem sich diese Maßnahme nicht durchführen läßt, ist das Einsetzen eines Flickstückes um die Feuertüröffnung herum.

Hier muß die Schweißfuge mindestens an drei Kanten dorthin verlegt werden, wo in der Wand die Biegung nach dem Türlochring zu liegt. Nur auf diese Weise ist ein wirksamer Ausgleich der Spannungen möglich.

Hiermit dürften die am häufigsten vorkommenden Ausführungsarten als erschöpft anzusehen sein. Beherrscht der Schweißer diese in vollem Maße, so wird er auch alle noch weiterhin sich als notwendig erweisenden Schweißarbeiten ordnungsmäßig durchführen können. Er wird dann schließlich zu der Erkenntnis kommen, daß dieses Verfahren sogar verhältnismäßig leicht anzuwenden ist.

V. Die wirtschaftliche Auswirkung des angewendeten Kupferschweißverfahrens.

Im Vorhergehenden ist dargetan, daß durch richtige Anwendung des Kupferschweißverfahrens den einschlägigen Betrieben in technischer Beziehung nur Vorteile erwachsen können. Es bleibt jetzt noch die Frage der Wirtschaftlichkeit zu klären.

In seinen Ausführungen unter Abschnitt I, S. 3 dieses Buches hat der Verfasser das beregte Verfahren als ein in der gewerblichen Tätigkeit noch junges Reis bezeichnet, welches sich erst noch entwickeln müßte.

Tatsache ist, daß das in diesem Buche beschriebene Verfahren in dem vom Verfasser geleiteten Betriebe seit nahezu zwei Jahren angewendet und mit stets wachsendem Erfolge aufs Gründlichste, dank dem großzügigen Entgegenkommen der Werkleitung, zu fördern versucht werden konnte. Die in dieser Weise in größerer Zahl ausgebesserten Lokomotiven, haben sich während dieser Zeit in dem angestrengten Betriebe der Berliner Stadt-, Ring- und Vorortbahn in jeder Beziehung gut bewährt; in keinem einzigen Falle ist ein Nachschweißen notwendig gewesen. Diese Feststellung dürfte zweifellos dafür sprechen, in allen einschlägigen Betrieben geeignete Fachleute schnellstens heranzubilden und demnächst das Kupferschweißverfahren in ausgiebiger Weise anzuwenden. Die sich dann ergebenden finanziellen Vorteile sind unter Anlehnung an das nachstehende Zahlenbeispiel leicht abzuschätzen. Von einer sich in Einzelheiten verlierenden Wirtschaftlichkeitsberechnung glaubt der Verfasser mit Rücksicht auf die schwankenden Geldverhältnisse absehen zu müssen gleichzeitig mit dem Hinweise, daß die seinerzeit im Anhang errechneten Werte auch nur noch zu Vergleichen dienen können.

Rechnet man die Kosten für die Verzinsung einer normalspurigen Lokomotive neuerer Bauart mit rd. 1000 M. für einen Tag, so muß schon aus diesem Grunde jedes Mittel zur Kürzung der Ausbesserungsdauer willkommen sein.

Angenommen: Die deutsche Reichsbahn hat einen Bestand von 30000 Lokomotiven. Bei einem Ausbesserungsstand von 25 v. H. würden demnach 7500 und hiervon schätzungsweise 2000 Lokomotiven mit Feuerbüchsschäden, deren Beseitigung durch Schweißen möglich ist, dem Betriebe entzogen sein. Rechnet man weiter, daß diese 2000 Lokomotiven durch Anwendung des Schweißverfahrens durchschnittlich 8 Tage früher dem Betriebe wieder zugeführt werden können, so würde sich eine Ersparnis von $1000 \times 2000 \times 8 = 16$ Millionen Mark ergeben. Dieser an sich schon erhebliche Gewinn muß ferner noch vervielfacht werden, weil jeder Ausbesserungsstand im Jahr zurzeit durchschnittlich einen fünfmaligen Lokomotivwechsel (Umschlag) erfährt. Es können in diesem Zeitraum somit 5×16 Millionen $=$ 80 Millionen Mark als erspart gelten.

Außerdem dürften sich noch andere wirtschaftlich günstige Ergebnisse zeitigen, weil aus diesem einen Nutzen hydraartig weitere Erträge (aus Minderbelastung der Ausbesserungs- und Bahnbetriebswerke usw.) entspringen. Schließlich sind auf den Gewinnposten auch Ersparnisse an Arbeitslöhnen und Stoffen zu buchen, die sich in den meisten vorkommenden Fällen aus Vergleichen gegenüber der alten Flickweise errechnen lassen.

Schlußwort.

Der am Kopfe der Einleitung (Abschnitt I, S. 1) angeführte Sinnspruch soll dem Inhalt dieses Buches die charakteristische Note geben. Nicht jeder Besitzer einer Wünschelrute kann mit deren Hilfe verborgene Schätze ausfindig machen; hierzu gehören nicht geheime Künste, wohl aber Naturen, welche sich dauernd gründlich mit dem in Rede stehenden Verfahren zu befassen vermögen, d. h. auch ein wenig Liebhaberei für diese Sache bekunden. Nur dann werden sich an der richtigen Stelle Ersparnisse erzielen lassen; eine Aufgabe, welche sicher bei jedem Anteilnehmenden volle Befriedigung aus Anlaß der dann auch nicht ausbleibenden Erfolge auslösen wird.

Anhang.

Autogene Kupferschweißungen[1]).

Obgleich im Nachstehenden mehr ein Sondergebiet behandelt wird, dürfte doch damit auch vielen sich mit der Bearbeitung von Kupfer befassenden Werken manch wertvolle Anregung gegeben werden. Die bei den schwierigen Ausbesserungen der kupfernen Feuerbüchsen gemachten günstigen Erfahrungen und Beobachtungen dürften sich daher auf fast alle in der Industrie vorkommenden, jedoch meist einfacheren Fälle mit sicherer Aussicht auf gutes Gelingen nutzbringend anwenden lassen.

Schadhafte kupferne Gegenstände werden in den meisten Fällen auch heute noch durch Auflöten von Flicken oder durch Anschuhen von Rohren unter Benutzung von Schlaglot wiederhergestellt. Diese durch sachkundige Kupferschmiede vorzunehmenden Arbeiten erfordern zu ihrer sachgemäßen Durchführung auch einen verhältnismäßig großen Aufwand an sächlichen Kosten. Noch erheblich schwieriger gestaltet sich die Wiederherstellung von schadhaften kupfernen Feuerbüchsteilen. In solchen Fällen ist eine Hartlötung analog dem obigen Verfahren wegen der hohen Dampfdrucke gegen ebene Wände, wegen der Einwirkung des Feuers und aus praktischen Gründen nicht einwandfrei durchführbar. Nur durch mit Schrauben befestigte Flicken kann eine einigermaßen wirksame Abhilfe geschaffen werden. Derartig ausgebesserte Lokomotiven haben dann aber meistens einen dauernden Krankheitskeim in sich; sie müssen deswegen mehr oder weniger häufig der Werkstatt zum Nachdichten zugeführt werden, bis eine eingesetzte neue Wand diesem Übelstand ein Ende bereitet. Sitzt ein derartiger Flicken

[1]) Abdruck des im August 1921 in Nr. 22 der Zeitschrift „Der Betrieb" vom Verfasser dieses Buches veröffentlichten Aufsatzes.

sogar noch im Umbug einer an sich schon sehr empfindlichen und stark beanspruchten Feuerbüchsrohrwand, so wird solchen Lokomotiven gewöhnlich nicht mehr viel Vertrauen vom Lokomotivpersonal geschenkt. Der Eisenbahnverwaltung sind durch derartige Flickarbeiten außerordentlich hohe Kosten entstanden. Bei dem wohl noch lange Zeit herrschenden Lokomotivmangel und den zu zahlenden hohen persönlichen und sachlichen Kosten (Gehälter, Löhne und Stoffe) muß daher auf wirksame Beseitigung dieses Übelstandes hingewirkt werden.

Versuche und Ausführungen, Kupfer in der gleichen Weise autogen zu schweißen wie Eisen, reichen schon viele Jahre zurück. Autogene Schweißanlagen sind zurzeit wohl in allen größeren Betrieben in Benutzung und werden besonders für eiserne Teile in ausgedehntestem Maße verwendet. Nach Ansicht des Verfassers könnten noch bei weitem mehr Schäden auf diesem Wege beseitigt werden, wenn die Azetylenerzeugungsanlagen in noch größerem Umfange angelegt und sie vor allen Dingen noch leistungsfähiger gestaltet würden. Ortsfeste Anlagen mit einem weit verzweigten Rohrleitungsnetz und recht vielen Schlauchanschlußstellen sind den kleinen fahrbaren Entwicklern entschieden vorzuziehen. Die ersteren sind um etwa 50 v. H. wirtschaftlicher in der Azetylenausbeute und außerdem nicht so umständlich in ihrer Bedienung wie die letzteren. Größere Schweißarbeiten erleiden oft unliebsame Unterbrechungen, wenn die gebrauchte Azetylengasmenge nicht fortlaufend dem Bedarf entsprechend erzeugt und der Druck nicht gleichmäßig gehalten werden kann, sehr zum Nachteile der Güte der Schweißung. Bei Kupferschweißungen an Feuerbüchsblechen ist die Vorhaltung reichlicher Azetylenmengen ganz besonders erforderlich. Zur Erhitzung des Materials muß hierbei mit zwei Brennern gleichzeitig gearbeitet werden, weil wegen des guten Wärmeleitungsvermögens des Kupfers große Wärmemengen nicht nur der Schweißnaht, sondern auch den ihr benachbarten Zonen zugeführt werden müssen. Es sind also ein Brenner zum Schweißen und ein Brenner zum Erhitzen bzw. Ersatz der durch Ableitung verlorengehenden Wärme erforderlich.

Die Frage, ob vielleicht mit Hilfe des elektrischen Lichtbogenschweißverfahrens besser zum Ziele zu kommen wäre, muß entschieden verneint werden. Da hierbei eine Kohleelektrode und auch Zusatzmaterial benutzt werden müssen, würden aus ersterer Kohlenstoffteilchen in das Kupfer übertreten und die Festigkeit der Schweißnaht außerordentlich ungünstig beeinflussen. Dagegen hat die elektrische Widerstandsschweißerei neuerdings einen hohen Grad der Vervollkommnung erreicht. Bei der auf diesem Wege vorgenommenen Verbindung gleichartiger Metalle ist jedoch die Anwendung von stumpfen gleichgroßen Querschnitten Bedingung, so daß dieses Verfahren hauptsächlich zur Neuanfertigung und dann auch nur bei Massengegenständen geeignet ist. Im Eisenbahnbetriebe handelt es sich vorwiegend um Beseitigung von Schäden verschiedenster Art. Hierfür ist das Autogenverfahren am geeignetsten und ihm auf absehbare Zeit der erste Platz wohl sichergestellt. Die Beschaffung ausreichend großer Azetylenanlagen ist daher, vom wirtschaftlichen Gesichtspunkte aus betrachtet, nur zu empfehlen.

Beim Schweißen von Metallen ist vor allen Dingen darauf zu achten, daß sowohl die zu verschweißenden Flächen als auch das Zusatzmaterial nie überhitzt werden. In diesem Zustande bilden sich Oxyde, die ein inniges Zusammenfließen verhindern und weiterhin die Festigkeit der Schweißnaht ungünstig beeinflussen. Bei Eisenschweißungen wird nur mit einem Brenner gearbeitet, so daß einem geübten Schweißer die Arbeit leicht gelingt; bei Kupfer dagegen ist ganz besondere Vorsicht und Aufmerksamkeit geboten, weil gewöhnlich zwei Personen mit je einem Brenner tätig sein und Hand in Hand arbeiten müssen. Ein einfaches Mittel, während der Schweißung Überhitzung zu erkennen, ist das Auftreten von tropfsteinähnlichen Gebilden. Nicht überhitztes Material tropft nie ab und verläuft in der Schweißstelle zu einem einheitlichen Ganzen. Diese Absicht wird am sichersten dadurch erreicht, daß als Zusatzmaterial ein Stoff genommen wird, der einen etwas niedrigeren Schmelzpunkt als der zu schweißende Gegenstand besitzt. Für Eisen ist im Handel geeigneter Schweißdraht aller Art zu haben. Für Kupfer dagegen war bisher ein geeignetes Mittel nur wenig eingeführt; man benutzte Elektrolytkupfer als Zusatzmaterial. Mit diesem Stoff sind auch Schweißungen unter bestimmten Voraussetzungen bereits gelungen.

Diese sind:

1. Horizontal gelagerte Schweißnaht, damit das Zusatzmaterial nicht abtropfen kann, also in der Naht bleibt,

2. freie Ausdehnungs- und Zusammenziehungsmöglichkeit während der Schweißung (also nur ausgebaute Feuerbüchswände), anderenfalls Wiederaufreißen der Schweißstellen,
3. keine allzugroßen Anforderungen an die Festigkeit und Dichtigkeit der Schweißstelle.

Ein Angebot der Firma Canzler in Düren über eine besondere Art Kupferschweißdraht hat dem Verfasser Veranlassung gegeben, sich eingehend mit Kupferschweißungen zu befassen und in Nachstehendem die gewonnenen Erfahrungen und Beobachtungen wiederzugeben in der Annahme, dadurch Anregung von Maßnahmen zur beschleunigten Fertigstellung der Lokomotiven gegeben zu haben.

Durch eine Anzahl Versuche wurde festgestellt, daß Canzlerkupfer ähnlich dem Silberlot immer gleichmäßig dünnflüssig bleibt, selbst wenn es längere Zeit durch Einwirkung der Schweißbrennerflamme flüssig gehalten wird und dem Sauerstoff der atmosphärischen Luft ausgesetzt ist. Wird dieses Zusatzmaterial unmittelbar nach dem Erstarren, also noch im warmen Zustande, mit einem Kugelhammer eingehämmert und somit verdichtet, so nimmt es fast ganz die Eigenschaften des Walzkupfers wieder an und läßt sich wie dieses warm schmieden. Eine hiermit erzeugte Schweißnaht zeigt im angehauenen Zustande eine lachsrote Farbe, ohne daß irgendwelche Poren erkennbar sind.

Demgegenüber vorgenommene Versuche mit Elektolytkupfer als Zusatzmaterial haben ergeben, daß das Schmelzbad um so dickflüssiger wird, je länger die Einwirkung des Schweißbrenners zur Erzielung einer guten Schweißnaht notwendig ist. Dieser Vorgang ist damit zu erklären, daß sich Kupferoxydul bildet, wenn gewöhnliches Kupfer im geschmolzenen Zustande den Einwirkungen des Sauerstoffes ausgesetzt ist. Kupferoxydul hat aber bekanntlich einen höheren Schmelzpunkt als reines Kupfer. Zu einem einigermaßen guten Durchschweißen von Arbeitsstücken über 12 mm Dicke, z. B. von gerissenen Feuerbüchsblechen, würde daher bei Verwendung von Elektrolytkupfer ein verhältnismäßig großer Schweißbrenner erforderlich und eine mindestens teilweise Verbrennung auch der benachbarten Zonen nie zu vermeiden sein, d. h. auch diese nehmen dann viel Sauerstoff auf und verwandeln sich zu Oxyd. Die weitere Folge davon ist, daß das Gefüge in der Schweißstelle und in deren Nachbarschaft sehr gelitten und an Festigkeit und Dehnung eingebüßt, dagegen an Porosität zugenommen haben muß. Auch durch nachträgliches Verdichten mit dem Kugelhammer läßt sich die Güte des Materials nicht mehr verbessern, weil die Oxyde nur wieder auf chemischem, nicht aber auf mechanischem Wege beseitigt werden können. Durch die aufzuwendenden höheren Hitzegrade entstehen beim Erkalten naturgemäß auch größere Spannungen, die unweigerlich neue Anrisse entweder, was meist der Fall ist, in der Schweißstelle selbst, oder an anderen nicht mehr ganz gesunden Stellen hervorrufen. Eine Sisyphusarbeit, die nur dann vielleicht von einem Erfolg abgelöst wird, wenn das zu schweißende Stück — die Feuerbüchswand — ausgebaut und horizontal gelagert werden kann. Dieses Erfordernis trägt natürlich keineswegs zur Beschleunigung der Kesselausbesserung bei. Würden bei der Zweifelhaftigkeit einer vorher scheinbar als gelungen angesehenen Schweißung nach dem mit großen Kosten erfolgten Wiedereinbau der ausgebesserten Feuerbüchswand und nach Fertigstellung des gesamten Kessels sich dann bei der Druckprobe wieder Risse zeigen, und würde dann eine gänzliche Erneuerung der betreffenden Wand oder günstigstenfalls die Anbringung eines Flickens notwendig sein, so ist auf jeden Fall ein großer Schaden an Zeit und Geld für Werkstatt und Betrieb zu verzeichnen. Einmal mißlungene Schweißungen der vorbeschriebenen Art werden durch Nachschweißen eines eingebauten Arbeitsstückes nur in den seltensten Fällen noch gerettet.

Ein weiterer Vorzug des Canzlerkupfers liegt darin, daß dieses selbst an einer senkrechten Wand hoch aufgetragen werden kann. Während der ganzen Schweißdauer tropft nicht die geringste Menge ab; auch verläuft das Material nicht über die fertige Schweißnaht. Bei derartigen Schweißungen bleibt die Oberfläche des Arbeitsstückes blank und glatt; ein Verbrennen oder Überhitzen findet nicht statt, weil eine Oxydbildung und somit eine Steigerung der Schmelztemperatur nicht eintritt. Infolgedessen können mit diesem Zusatzmaterial Schweißungen an schadhaften Feuerbüchswänden in u n a u s g e b a u t e m Zustande vorgenommen werden, o h n e daß ein Heben des Kessels aus seinem Rahmen erforderlich ist. Letzteres würde nur notwendig sein bei Schweißungen an der Feuerbüchsdecke; hierzu muß der Kessel um mindestens 90° gedreht werden. Eine verhältnismäßig schnelle und dauerhafte Ausbesserung des Kessels und seine baldige Inbetriebnahme ist hierdurch gewährleistet. Somit dürfte ein wirksames Mittel gefunden sein, um die eingangs erwähnten Übelstände und ihre lästigen Folgen aus der Welt zu schaffen.

Zum Schweißen von Schäden in Feuerbüchsplatten mittels Elektrolytkupfer sind, wie bereits vorerwähnt, gewöhnlich zwei Schweißbrenner Nr. 8 erforderlich, welche beide zusammen in der Stunde etwa 12 cbm Azetylengas verbrauchen. Das Arbeitsstück muß, um bis auf den Grund der keilförmig in einer Abschrägung von 45° ausgehauenen Schweißnaht zu kommen, etwa in einer Breite von 4 cm ausgeschmolzen werden (s. Abb. 1). Durch die notwendige Zuführung der großen Wärmemengen sind naturgemäß auch die beim Erkalten auftretenden Spannungen sehr groß, die nur unvollkommen durch schnellstes Nachstrecken der etwas dicker aufgetragenen Schweißnahtfüllungen ausgeglichen werden können, daher auch gewöhnlich nach dem Erkalten das Auftreten von Rissen, welche bei eingebauten Wänden nur selten zu umgehen sind. Die Form der Schweißnaht nach Abb. 1 ist nicht empfehlenswert und nur dann zu wählen, wenn dem Arbeitsstück von beiden Seiten wirklich nicht beizukommen ist. Bei einer einseitigen Behandlung ist die Erhitzung nicht so gleichmäßig durchzuführen, daß das Gefüge keine schädlichen Veränderungen erleidet. Das Arbeitsstück wird sich ferner etwas verziehen und beim Einhämmern noch mehr krümmen, so daß vielfach ein Nachrichten erforderlich ist. Diese letztere Arbeit muß unbedingt nachteilig auf eine derartige an der Rückseite wohl selten ordnungsmäßig verschweißte Naht einwirken. Obiger Fall wird jedoch nicht oft eintreten. Meistens wird es immer noch möglich sein, mit Schweißbrenner und Schweißdraht durch Löcher von herausgenommenen

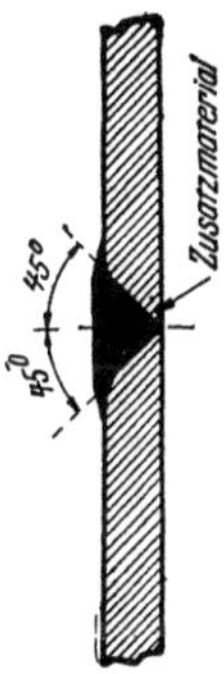

Abb. 1.

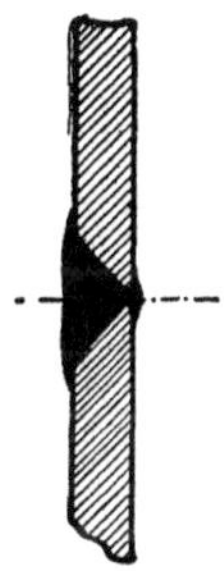
Abb. 2.

Abb. 3.

Stehbolzen oder Nieten mindestens stückweise an die Rückseite der Naht zu gelangen und den Zustand nach Abb. 2 oder besser noch nach Abb. 3 herbeizuführen. Eine Schweißung nach Abb. 3 ist wegen der gleichmäßig doppelseitigen Behandlung bedeutend haltbarer und widerstandsfähiger gegen die Bildung neuer Risse, weil die geschweißte Stelle gewissermaßen zwischen zwei Laschen sitzt. Die zurückbleibende Verstärkung an der Schweißstelle durch das dicker aufgetragene und zweckmäßig breit über geschweißte Zusatzmaterial ist nicht nennenswert. Bedingung bei der Ausführung nach Abb. 3 ist, daß das Zusatzmaterial gleichmäßig auf beiden Seiten eingehämmert wird.

Bei Vornahme von Schweißungen mit Canzlerkupfer genügt die Benutzung zweier Brenner Nr. 5 mit einem Gesamtverbrauch von etwa 3 cbm Azetylen in der Stunde. Die Schweißflamme braucht hierbei gewöhnlich nur so groß zu sein, wie man sie für Eisenschweißungen von gleicher Materialstärke nötig hat. Das Canzlerkupfer gelangt mit diesem kleineren Brenner verhältnismäßig schnell zum Fließen. Infolgedessen findet nirgends Überhitzung des Materials und somit keine Oxydbildung statt. Durch Verdichten mit dem Kugelhammer und gleichzeitiges Strecken des dicker aufgetragenen Zusatzmaterials werden die beim Erkalten entstehenden Spannungen so vollständig aufgehoben, daß bei geschickter Arbeitsweise keine Risse entstehen. Dieses Strecken wird zweckmäßig in der Weise durchzuführen sein, daß die Naht stückweise etwa auf 15—20 cm Länge verschweißt, dann diese Arbeit unterbrochen und sofort von den beiden Schweißern gleichzeitig an verschiedenen Stellen mit dem Einhämmern des noch dunkelrotwarmen Materials bis zum Kaltwerden begonnen wird. Obgleich hierbei ein Ausbau der schadhaften Feuerbüchsteile nicht notwendig ist, müssen aber doch mindestens die der Schweißstelle benachbarten Stehbolzen, Ankerschrauben oder Niete vorher entfernt worden sein. Der heißen Wand muß also in gewissem Umfange stets Gelegenheit gegeben werden, sich unbehindert dehnen bzw. zusammenziehen zu können.

Es ist ohne weiteres zu folgern, daß bei Arbeiten mit den kleineren Brennern in der von fünf Wänden umschlossenen Feuerbüchse bei Verwendung von Canzlerkupfer nicht so hohe Wärmegrade entstehen. Die Schweißer haben daher nicht zu sehr unter der Hitze zu leiden, und die Arbeit kann ohne Hast sachgemäß zu Ende geführt werden.

Die im Eisenbahnwerk Grunewald mit Canzlerkupfer vorgenommenen Schweißungen sind sehr vielseitiger Art. Es wurden kürzere Risse in der glatten Wand sowie längere Risse in seitlich oder oben sitzenden Umbugen ordnungsgemäß und haltbar verschlossen. Alte undicht gewordene oder stark abgezehrte Flicken wurden entfernt und an deren Stelle entsprechend zugerichtete Kupferplatten bis zu 6 qdm mit drei Kanten (die vierte Kante blieb Stemmkante) zu einem starren Ganzen in der Wand glatt eingeschweißt. Abgezehrte Stemmkanten sowie Niet- und Stehbolzenlöcher wurden durch Auftropfen wieder auf normale Wanddicke gebracht. Zu den schwierigsten Feuerbüchsarbeiten gehört das Schweißen gerissener Rohrwandstege, weil die beim Erkalten auftretenden Spannungen die Stege relativ stärker auf Zerreißfestigkeit beanspruchen und leicht wieder im geschweißten oder in einem der benachbarten Stege Risse entstehen. Derartige schadhafte Stege müssen wegen der größeren Dicke der Rohrwand unbedingt von beiden Seiten geschweißt und die Spannungen durch Hämmern und Nachstrecken des dicker aufgetragenen Zusatzmaterials unmittelbar nach beendeter Schweißung ausgeglichen werden. Sechs horizontal nebeneinander liegende gerissene Stege von Rauchrohrlöchern konnten auf diese Weise wiederhergestellt werden (s. Abb. 4).

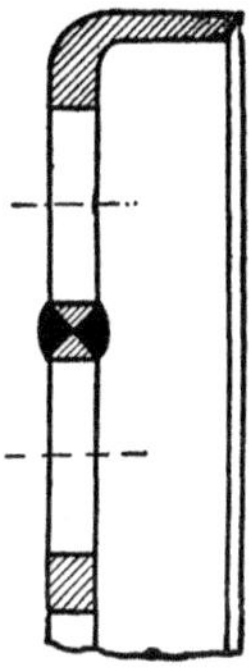
Abb. 4.

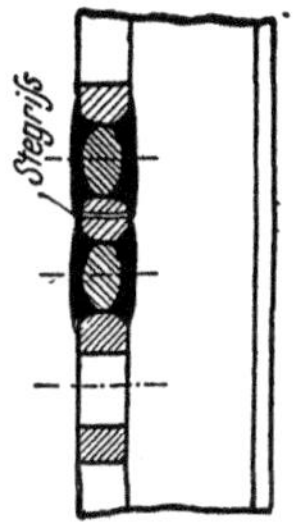

Abb. 5.

Bei zwischen Siederohrlöchern gerissenen Stegen wird empfohlen, zunächst die Löcher, dann den Steg zuzuschweißen, und erstere sodann wieder aufzubohren. Das Zuschweißen der Löcher wird am zweckmäßigsten in der in Abb. 5 dargestellten Weise bewirkt, und zwar:

Einklemmen eines linsenförmigen Stückes aus gewöhnlichem Kupfer, dann Verschweißen desselben mit Canzlerkupfer, Ausgleichen der Spannungen durch Hämmern und schließlich Verschweißen des gerissenen Steges in derselben Weise wie bei den Rauchrohrlöchern.

Bei allen derartigen Schweißungen ist stets gewissenhaft zu beachten, daß sowohl Naht als auch Zusatzmaterial mit einer Schutzhaut überzogen werden, welche den Zutritt von Sauerstoff wirksam verhindert und sogar noch etwa vorhandene Kupferoxydmengen reduziert. Dieser Schutz wird durch eine von der Firma Canzler hergestellte Schweißpaste mit gutem Erfolg erreicht.

Nach vorstehenden Erläuterungen dürfte auf Grund der im Eisenbahnwerk Grunewald gewonnenen Erfahrungen nunmehr ein Weg gegeben sein, schadhafte kupferne Arbeitsstücke schnell und haltbar wiederherzustellen, die Ausbesserungsdauer derartiger Lokomotiven in vielen Fällen wesentlich herabzudrücken und außerdem noch erhebliche Kosten zu sparen.

Feuerbüchsschweißungen der beschriebenen Art erfordern jedoch zu ihrem Gelingen gut geschultes Personal. Der leitende Beamte muß vor Beginn jeder Schweißung genau erwägen, wie der Gang der Schweißung sachgemäß vorzunehmen ist. Nach einem bestimmten Schema kann hierbei nicht gearbeitet werden. Die stets erforderlichen beiden Schweißer müssen ebenfalls für dieses Fach Neigung und Interesse besitzen. Die richtige Durchführung dieser Arbeit ist eine reine Vertrauenssache. Nicht immer ist ein guter Eisenschweißer für Kupferschweißungen voll geeignet. Infolge des letztern Umstandes ist es unbedingt erforderlich, sich bei Auswahl und Anlernung der Schweißer an psychotechnische Grundsätze anzulehnen. Es erscheint jedoch immerhin zweckmäßig, für diesen allgemein als neu anzusehenden Berufszweig zunächst möglichst Schlosser oder Schmiede heranzuziehen. Man sollte daher auch den Schweißern, welche derartige Arbeiten ausführen, bei der Entlohnung in weitgehendstem Maße entgegenkommen. Bei schwierigeren Fällen, und wenn die übertragene Arbeit als vollkommen gelungen festgestellt worden ist, sollten sogar noch besondere Lohnzuschläge gewährt werden. Auch erscheint es nicht ratsam, von Kupferschweißern zwischendurch auch Eisen schweißen zu lassen oder umgekehrt. Eine reinliche Trennung ist mit Rücksicht auf die Eigenart der Arbeit notwendig. Es empfiehlt sich daher, für bestimmte Bezirke eine Kupferschweißgruppe, bestehend aus einem Vorschweißer, einem Schweißer und einem Werkhelfer zu bilden, die nach Bedarf von der Mutterwerkstatt angefordert wird und zunächst Feuerbüchsschweißungen allein vorzunehmen hat. Diese sogenannte Bezirksschweißergruppe müßte zunächst eine Zeitlang in einer neu einzurichtenden Lehrschweißerei so weit geschult werden, daß sie diese Arbeiten selbständig und mit Erfolg ausführen kann. Im Laufe der Zeit werden die Werkstätten dann selbst in der Lage sein, mit ihren eigenen Leuten Kupferschweißungen einfacherer Art auszuführen, so daß nur in besonders schwierigen Fällen die Sondergruppe herangezogen zu werden braucht.

Auf Grund der vorstehenden Erläuterungen sind die durch Anwendung des autogenen Schweißverfahrens allgemein für den Betrieb zu erzielenden Vorteile ohne weiteres abzuschätzen.

Abgesehen von den dem Elektrolytkupfer als Zusatzmaterial anhaftenden Nachteilen wäre noch zu prüfen, ob der diesem gegenüber mehr als doppelt so hohe Preis des Canzlerkupfers (z. Z. 78 M für 1 kg) wieder durch unmittelbare Ersparnisse an anderer Stelle ausgeglichen wird. Diese Frage muß — wie nachstehende Berechnung zeigt — bejaht werden:

Zugrunde gelegt sind folgende z. Z. gültige Einheitspreise:

1 kg Elektrolytkupfer	= 32,00 M	ab Werk.
1 „ Canzlerkupfer. . .	= 78,00 „	
1 „ Karbid	= 3,50 „	
1 cbm Sauerstoff.	= 4,90 „	

Aus einem Kilogramm Karbid lassen sich günstigenfalls (bei ortsfesten größeren Entwicklungsanlagen) 250 l Azetylen herstellen.

$$\frac{\text{Azetylenverbrauch}}{\text{Sauerstoffverbrauch}} = \frac{1}{1,2} \text{ (günstigst berechnet).}$$

Der stündliche Verbrauch beim Schweißen beträgt:

a) bei Verwendung von Elektrolytkupfer:

2 Brenner Nr. 8 = 12 cbm Azetylen = 48 kg Karbid.	= 168,00 M
14,4 cbm Sauerstoff	= 70,56 M
1 kg Elektrolytkupfer	= 32,00 M
a) zus. . .	270,56 M.

b) bei Verwendung von Canzlerkupfer:

2 Brenner Nr. 5 = 3 cbm Azetylen = 12 kg Karbid.	= 42,00 M
3,6 cbm Sauerstoff	= 17,64 M
1 kg Canzlerkupfer	= 78,00 M
b) zus. . .	137,64 M.

Es werden mithin bei Verwendung des Canzlerkupfers stündlich sogar noch 270,56 M — 137,65 M = rd. 133 M erspart.

Weiterhin dürfte auch die Gegenüberstellung der Kosten für den Einbau eines Flickens nach Abb. 6 bei Befestigung durch Flickschrauben oder durch Einschweißen von Interesse sein. Auch hier schneidet das autogene Schweißverfahren sehr günstig ab. Nach mehrfach angestellten Ermittlungen ist das letztere durchschnittlich nur halb so teuer wie die Befestigung durch Flickschrauben. Bei einfachen Rissen in der glatten Wand, welche nur metallisch rein aufgehauen und zugeschweißt zu werden brauchen, gestaltet sich das Verhältnis noch weitaus günstiger.

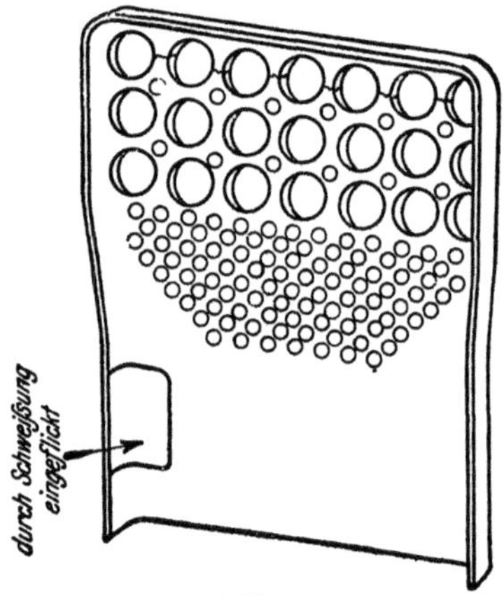

Abb. 6.

In den vorstehenden Erläuterungen sind nur die im praktischen Betriebe bei Kupferschweißungen gemachten Erfahrungen und Beobachtungen wiedergegeben. Da nun Schweißungen gewöhnlich als etwas zweifelhaft angesehen werden, ist zur Klarstellung dieser Angelegenheit und im Interesse der Betriebssicherheit eine Anzahl autogen geschweißter Kupferstäbe der mechanisch-technischen Versuchsanstalt des Eisenbahn-Zentralamts in Berlin zugestellt worden, zwecks Begutachtung und Vornahme von Versuchen im Laboratorium.

Die einzelnen von dieser Anstalt abgegebenen Urteile lauten:

A. Über Schweißungen von Feuerbüchsplattenkupfer, ausgeführt nach Abb. 1:

1. Allgemeines Ergebnis:

Die ermittelte Festigkeit und Kerbzähigkeit der Schweißproben lag noch ziemlich niedrig. Teilweise ist dies darauf zurückzuführen, daß die Schweißfuge nicht bis auf den Grund ausgekerbt war, teilweise darauf, daß an der Schweißnaht beim Erwärmen die Oberfläche noch örtlich oxydiert wurde. Das Ausscheiden von Gasblasen während der Erstarrung ist auch bei Canzlerschweißungen noch zu beobachten, wenn auch nicht in dem Maße wie bei Elektrolytkupfer.

2. Prüfung auf Festigkeit:

Die Bruchflächen der mit Elektrolytkupfer geschweißten Proben zeigen hocherhitztes Gefüge mit zum Teil nicht verschweißten Stellen. Bei den mit Canzlerkupfer geschweißten Proben sind ebenfalls nicht verschweißte Stellen vorhanden, aber das Gefüge scheint nicht so hoch erhitzt zu sein, wie bei den mit Elektrolytkupfer geschweißten Proben. Durch die nicht verschweißten Stellen sind auch die ermittelten Festigkeiten sehr niedrig, da hierdurch beim Zugversuch Biegungsbeanspruchungen in den Stab kommen. Das Schweißen hätte nicht wie in Abb. 1 dargestellt werden dürfen.

3. Prüfung auf Kerbzähigkeit:

Die Kerbzähigkeit, die beim Kupfer etwa 7 mkg/qcm bei den hier verwendeten Querschnitten beträgt, liegt nicht sehr hoch.

4. Prüfung des Gefüges (polierter Schliff):

Teilweise sind im eingeschweißten Material noch einige Blasen zu erkennen, und zwar im Elektrolytkupfer mehr als im Canzlerkupfer.

5. Prüfung des Gefüges (geätzter Schliff):

Die mit Elektrolytkupfer geschweißten Proben haben grob ausgeschiedene Kupferkristalle im Gegensatz zu den mit Canzlerkupfer geschweißten Proben, die feine Kristalle zeigen.

B. Über Schweißungen, ausgeführt nach Abb. 3.

1. Allgemeines Ergebnis:

Nach mechanischer Prüfung und Gefügeuntersuchung sind die Schweißungen günstig zu beurteilen. Mit einem gewissen Verlust an Dehnung wird man, vor allem bei den hohen Dehnungswerten des Kupfers, immer rechnen müssen.

2. Prüfung auf Festigkeit:

Auf der Zerreißmaschine ermittelte Werte: Probestäbe in der Blechstärke nicht bearbeitet.

Verwendetes Zusatzmaterial	Querschnitt des Stabes	Bruchbelastung kg	Bruchbelastung kg/qmm	Dehnung in v. H.	Einschnürung in v. H.
Elektrolytkupfer	35,4×15,5	11980	21,8	21,5	30,00
Canzlerkupfer	35,2×16,5	12530	21,6	31,0	51,0

In Anbetracht der allgemein bei Schweißungen erreichten geringeren Dehnungswerte sind die vorliegenden Werte als ziemlich günstig anzusehen.

3. Prüfung auf Härte (Brinell):

Härtezahl bei den mit Elektrolytkupfer geschweißten Proben im Durchschnitt 61,6; bei Verwendung von Canzlerkupfer 58,1.

Die schnellere Abkühlung aus der Schweißhitze macht sich in einer geringeren Steigerung der Härte sowohl im eingeschweißten wie im Grundgefüge bemerkbar.

4. Prüfung des Gefüges (polierter Schliff):

Die geschweißten Stellen sind frei von Rissen und Blasen.

5. Prüfung des Gefüges (geätzter Schliff):

Das Gefüge ist bei sämtlichen Proben ziemlich gleichmäßig und feinkörnig.

Zu vorstehenden Urteilen ist seitens des Verfassers noch ergänzend hinzuzufügen, daß zur Herstellung der Probestäbe nur kleine Kupferplatten von 100 × 500 mm Fläche benutzt wurden. Erstere konnten mangels geeigneter Objekte nicht aus geschweißten ganzen Feuerbüchswänden herausgeschnitten werden. Infolge des guten Wärmeleitungsvermögens des Kupfers tritt erfahrungsgemäß beim Schweißen massigerer Gegenstände nicht so leicht eine örtliche Überhitzung des Grundmaterials ein. Bei der praktischen Anwendung des autogenen Verfahrens zur Herstellung schadhafter Feuerbüchsen werden sich demzufolge sicher noch günstigere Festigkeits- und Dehnungswerte ergeben, als die bei den Probestäben ermittelten Werte. Hieraus ist zu folgern, daß die Festigkeit einer Schweißnaht nach Abb. 2 oder 3 durchschnittlich 55 bis 60 v. H. der des Ganzkupfers beträgt. Demgegenüber ist die Festigkeit der in der Feuerbüchse üblichen einreihigen Eisennietung nur 40 v. H. Mit Rücksicht auf den zugunsten des Schweißverfahrens vorliegenden Unterschied in den Festigkeitsziffern dürften nunmehr auch praktische Versuche dahingehend anzustellen sein, bei Neuanfertigung von Feuerbüchsen die kupfernen Wände ausschließlich durch autogene Schweißungen miteinander zu verbinden.

Der zurzeit angewendeten Nietverbindung haften viele Nachteile an, und zwar:

1. Die nur mittelbar durch Wasser gekühlten Überlappungen in der Nietreihe unterliegen besonders in der Feuerzone einer vorzeitigen Abnutzung. Die Stemmkanten brennen ab.
2. Die Erfahrung hat ergeben, daß sich die in den Wasserraum ragenden Nietköpfe unter der Einwirkung galvanischer Ströme verhältnismäßig schnell, namentlich in der Feuerzone, abzehren und dann undicht werden. Eine

Anzahl Niete ist daher immer, zweckmäßig bei jeder inneren Untersuchung des Kessels, zu erneuern.

3. Die Nietköpfe erschweren die gründliche Entfernung des anhaftenden Kesselsteins beim Auswaschen; infolgedessen setzen sich gerade an diesen Stellen im Laufe der Zeit dickere Krusten an und die so dringend nötige Wasserkühlung (siehe unter 1) wird noch ungünstiger.
4. Die Kümpelung der Rohr- und Türwände ist erhöhter Rißbildung ausgesetzt, weil infolge der Steifigkeit der Nietung nur der kurze Bogen in der Kümpelung nachgiebig und beim Warm- und Kaltwerden der Feuerbüchse dauernden Biegungsbeanspruchungen ausgesetzt ist. Dieser Übelstand bedingt häufig vorzeitige Ausbesserungen.

Alle diese unter 1—4 genannten Nachteile würden sich voraussichtlich umgehen lassen, wenn an Stelle der Nietung die Schweißung angewendet wird. Ferner findet eine Verringerung der Einbaukosten statt, weil durch Fortfall der Überlappung in der Nietreihe Plattenkupfer gespart wird und keinerlei Niet- und Stemmarbeit nötig ist.

Bei Schweißungen von Metallen aller Art, gleichviel, ob sie im Feuer, autogen oder elektrisch vorgenommen werden, spielt bekanntermaßen auch die Beschaffenheit des Grundmaterials eine bedeutende Rolle. Auch das im Maschinenbau so vielseitig verwendete Kupfer macht hierbei keine Ausnahme. Oft genug sind schädliche Beimengungen (Blei, Arsen, Oxyde u. a. m.) die Ursache des Mißlingens, mindestens aber der geringeren Haltbarkeit mancher Schweißung. Sollten daher trotz Beobachtung aller für das Kupferschweißen gegebenen Regeln hin und wieder Rückschläge vorkommen, so sind diese lediglich in der Zusammensetzung des Grundmaterials begründet. Es empfiehlt sich daher beim gänzlichen Mißlingen einer Schweißung, den Ursachen nachzugehen und dann zu prüfen, ob nicht besser das Flicken, Anschuhen oder eine gänzliche Erneuerung der betreffenden Feuerbüchsteile wirtschaftlicher ist.

Dieser letztere Umstand läßt es daher wünschenswert erscheinen, daß bei der Abnahme von hochbeanspruchten Gegenständen oder Werkstoffen, deren Wiederherstellung erfahrungsgemäß häufig durch Schweißen zu erfolgen hat, außer allen sonstigen Proben auch Schweißversuche auf praktisch-wissenschaftlicher Grundlage angestellt werden müßten. Der Verfasser ist der Ansicht, daß die Schweißprobe sogar mit der beste Prüfstein für die Güte eines Metalles sein würde.

Es wäre zweifellos wirtschaftlich von einschneidender Bedeutung, wenn alle modernen Schweißverfahren zu größter Vollkommenheit ausgebildet, und die maßgebenden Stellen dieser wichtigen Angelegenheit ein Sondergebiet einräumen würden. Letzteres würde zweckmäßig zu umfassen haben:

1. Errichtung von Schweißerschulen und Schweißlehrwerkstätten.
2. Erprobung und Begutachtung aller einschlägigen Neuerungen.
3. Vornahme von Schweißversuchen und Abgabe von Gutachten für Abnahmezwecke.

Die neueren Schweißverfahren. Von Dr.-Ing. **Paul Schimpke,** Professor an der Staatlichen Gewerbeakademie, Chemnitz. Mit 60 Figuren und 2 Zahlentafeln im Text. (Bildet Heft 13 der »Werkstattbücher«. Herausgegeben von Eugen Simon.) 1922. GZ. 1

Rezepte für die Werkstatt. Von Ingenieur-Chemiker **Hugo Krause.** (Bildet Heft 9 der »Werkstattbücher«. Herausgegeben von Eugen Simon.) 1922. GZ. 1

Die Werkzeugstähle und ihre Wärmebehandlung. Von **Harry Brearley,** Sheffield. Berechtigte deutsche Bearbeitung der Schrift »The heat treatment of tool steel« von Dr.-Ing. **Rudolf Schäfer.** Dritte, verbesserte Auflage. Mit 226 Textabbildungen. 1922. Gebunden GZ. 10

Härten und Vergüten. Erster Teil: Stahl und sein Verhalten. Von **Eugen Simon.** Mit 52 Figuren und 6 Zahlentafeln im Text. (Bildet Heft 7 der »Werkstattbücher«. Herausgegeben von Eugen Simon.) 1921. GZ. 1

Härten und Vergüten. Zweiter Teil: Die Praxis der Warmbehandlung. Von **Eugen Simon.** Mit 92 Figuren und 10 Zahlentafeln im Text. (Bildet Heft 8 der »Werkstattbücher«. Herausgegeben von Eugen Simon.) 1921. GZ. 1

Härte-Praxis. Von **Carl Scholz.** 1920. GZ. 1

Lehrgang der Härtetechnik. Von Dipl.-Ing. **Johann Schiefer,** Studienrat an den Staatl. Verein. Maschinenbauschulen und den Kursen für Härtetechnik an der Gewerbeförderungsanstalt für die Rheinprovinz und **E. Grün,** Fachlehrer der Kurse für Härtetechnik an der Gewerbeförderungsanstalt für die Rheinprovinz. Zweite, vermehrte und verbesserte Auflage. Mit 192 Textfiguren. 1921. GZ. 4,8; gebunden GZ. 6,5

Handbuch der Fräserei. Kurzgefaßtes Lehr- und Nachschlagebuch für den allgemeinen Gebrauch. Gemeinverständlich bearbeitet von **Emil Jurthe** und **Otto Mietzschke,** Ingenieure. Sechste, ergänzte Auflage. Mit 351 Abbildungen, Tabellen und einem Anhang über Konstruktion der gebräuchlichsten Zahnformen bei Stirn- und Kegelrädern sowie Schnecken- und Schraubenrädern. Erscheint im Januar 1923

Der praktische Maschinenbauer. Ein Lehrbuch für Lehrlinge und Gehilfen, ein Nachschlagebuch für den Meister. Herausgegeben von Dipl.-Ing. **H. Winkel.**

Erster Band: **Werkstattausbildung.** Von **August Laufer,** Meister der Württembergischen Staatseisenbahn. Mit 100 Textfiguren. 1921. Gebunden GZ. 4

Zweiter Band: **Die wissenschaftliche Ausbildung.** 1. Teil: Mathematik und Naturwissenschaft. Mit 369 Textfiguren. Erscheint Ende 1922.

Die Grundzahlen (GZ.) entsprechen den ungefähren Vorkriegspreisen und ergeben mit dem jeweiligen Entwertungsfaktor (Umrechnungsschlüssel) vervielfacht den Verkaufspreis. Über den zur Zeit geltenden Umrechnungsschlüssel geben alle Buchhandlungen sowie der Verlag bereitwilligst Auskunft.

GPSR Compliance

The European Union's (EU) General Product Safety Regulation (GPSR) is a set of rules that requires consumer products to be safe and our obligations to ensure this.

If you have any concerns about our products, you can contact us on ProductSafety@springernature.com

In case Publisher is established outside the EU, the EU authorized representative is:

Springer Nature Customer Service Center GmbH
Europaplatz 3
69115 Heidelberg, Germany

Batch number: 10682427

Printed by Printforce, the Netherlands